── 計算力をつける ──

微分積分

神永正博・藤田育嗣

共著

内田老鶴圃

本書の全部あるいは一部を断わりなく転載または
複写(コピー)することは，著作権および出版権の
侵害となる場合がありますのでご注意下さい．

まえがき

　本書は，数学を道具として利用する理工系学生向けの微分積分学の入門書である．「道具として使う」というところが本書の特徴であり，本書は，数学的な厳密さを多少犠牲にして，概要を理解し，微積分の計算ができるようになることに重点を置いている．そのため，公式や定理には，なぜそのような形をしているかを理解する助けとなるような解説をつけるにとどめてある．また，工業高校などからの入学者を想定し，数学IIIを履修していなくても無理なく学習が進められるように最大限配慮した．

　本書の第1章では，指数関数と対数関数の復習を行う．
　第2章の前半は，三角関数の復習だが，後半では，高校では扱わない逆三角関数を扱っている．多数の問があるので，必要に応じてチェックしてほしい．
　第3章では，1変数の微分法の説明を行い，不定形の極限に対するロピタルの定理，高次導関数の計算，テイラー展開，関数の増減とグラフまでを学習する．
　第4章では，1変数の積分法を学び，有理関数，三角関数の有理関数，無理関数の積分法，そしてこれらを図形の計量に応用するところまでを学習する．簡単な広義積分にも触れてある．
　第5章は2変数関数の偏微分の解説である．偏微分の定義から始めて，高次偏導関数とテイラー展開，極値の計算までを学習する．
　第6章は，2重積分の解説である．簡単な累次積分，変数変換による2重積分の計算，そして，これらの図形の計量への応用までを学習する．
　本書では，3変数以上の微積分は扱わない．しかし，2変数までをきちんと理解していれば，3変数以上の微積分を学習することはそれほど難しいことではない．

　第3章以降の各章には，問だけでなく，章末問題が用意してある．問を例題に従って解いていけば，微積分の基本的なことが掛け算九九のレベルでできるようになる．微積分の掛け算九九をしっかりやっておけば，ぐんと難しいことに挑戦できるようになる．そうなったらしめたもの．ぜひ，章末問題にチャレンジしてほしい．章末問題は，問レ

ベルのものよりも「面白い」問題を集めてある．「面白い」問題であるから，問よりは難しいはずである．しかし，問を十分に消化していれば，「自分の頭で」考えられるはずである．すべてに解答がついているから，よく分からなかったら，解答を見てもらいたい．解答を見たうえでもう一度自力で解答を書いてみると，それまで分からなかったことが消化されて自分のものになる．こうしたことを繰り返すことによって，実力がメキメキついてくるはずである．

最後に，このような本を書く機会を与えてくださった内田老鶴圃社長の内田学氏，本書執筆の計画から利用に関して多くの協力をいただいた東北学院大学工学基礎教育センター所長の石橋良信教授はじめ同センター運営委員の皆様に感謝したい．

2007 年 12 月

神永正博・藤田育嗣

第 4 版によせて

第 1 版が発行されてから 11 年が経ち，おかげさまで第 4 版となった．本版では，誤植や図・式などの体裁に関する軽微な修正を行った以外に，逆三角関数の節を全面的に改訂した．逆三角関数は高校では扱わない内容であることをふまえて，図をより適切なものにし，逆三角関数の値を実際に計算できるようになることを第一に考えた説明に差し替えた．

その他の単元についても，「計算できるようになる」ためには，もちろん手を動かして問題を解く必要がある．例や例題を参考にしてコツコツと問を解いていけば，自然と計算力がつき，微積分が実感を伴って身につくようになる．

本書に取り組んだ後には，本格的な理学，工学を学ぶために必要な微積分の基礎が備わっているはずである．

2019 年 4 月

著 者

目　　次

まえがき ··· i

第 1 章　指数関数と対数関数
1.1　指数関数 ·· *1*
1.2　対数関数 ·· *4*

第 2 章　三角関数
2.1　三角比 ·· *9*
2.2　三角関数 ·· *11*
2.3　逆三角関数 ·· *17*

第 3 章　微　分
3.1　関数の極限 ·· *21*
3.2　導関数 ·· *25*
3.3　合成関数の微分法 ·· *30*
3.4　逆関数の微分法 ·· *31*
3.5　ロピタルの定理 ·· *36*
3.6　高次導関数 ·· *38*
3.7　テイラー展開 ·· *40*
3.8　関数の増減とグラフ ·· *49*
　　　章末問題　　*56*

第 4 章　積　分
4.1　積分とは？ ·· *59*
4.2　不定積分 ·· *60*
4.3　部分積分法 ·· *62*
4.4　置換積分法 ·· *64*
4.5　有理関数の積分 ·· *69*

4.6 三角関数の有理関数の積分 ························· 73
4.7 無理関数の積分 ······································· 75
4.8 定積分 ··· 78
4.9 定積分の応用 ··· 86
4.10 広義積分 ··· 91
章末問題　94

第5章　偏微分

5.1 2変数関数 ·· 97
5.2 偏導関数 ·· 97
5.3 合成関数の微分法 ··································· 99
5.4 陰関数の導関数 ····································· 102
5.5 高次偏導関数 ·· 105
5.6 テイラー展開 ·· 106
5.7 極値 ··· 111
章末問題　115

第6章　2重積分

6.1 2重積分 ·· 117
6.2 長方形領域上の積分 ································ 118
6.3 縦(横)線形領域上の積分 ·························· 121
6.4 変数変換 ··· 125
6.5 2重積分の応用 ······································ 132
章末問題　138

問の略解・章末問題の解答 ····························· 139
索　引 ··· 159

第1章 指数関数と対数関数

1.1 指数関数

1.1.1 指　数

a を n 個かけ合わせたものを a^n とかく：

$$\underbrace{a \times a \times \cdots \times a}_{n \text{ 個}} = a^n.$$

このとき，次が成立する.

指数法則

m, n を正の整数とする.
(i) $a^m a^n = a^{m+n}$
(ii) $(a^m)^n = a^{mn}$
(iii) $(ab)^n = a^n b^n$

問 1
次の式を簡単にせよ.
(1) $a^2 a^3$ 　(2) $(a^2)^3$ 　(3) $(a^2 b^3)^2$

以下，$a > 0$ の場合に，**指数法則は指数 m, n が実数のとき成り立つ**ことを見る.

まず指数が 0 や負の数のときも成り立つことを見よう. 仮に成り立つとすると，(i) で $m = 0$ とすれば，$a^0 a^n = a^n$ より，

$$a^0 = 1$$

が分かり，$m = -n$ とすれば

$$a^{-n}a^n = a^{-n+n} = a^0 = 1$$

より，

$$a^{-n} = \frac{1}{a^n}$$

が分かる．そこで，$a \neq 1$ で n が正の整数のとき，

$$a^0 = 1, \ a^{-n} = \frac{1}{a^n}$$

と定める．すると，指数法則 (ⅰ), (ⅱ), (ⅲ) は (正とは限らない) 整数 m, n に対して成り立つことが分かる．

問 2　次の式を簡単にせよ．
(1) $a^2 a^{-3}$　　(2) $(a^2)^{-3}$　　(3) $(a^2 b)^{-3}$　　(4) $\left(\dfrac{a^3}{b^2}\right)^{-3}$

次に，$a > 0$ とし，指数が有理数のとき指数法則が成り立つことを見よう．仮に成り立つとすると，(ⅱ) で $m = 1/n$ とすれば，

$$(a^{\frac{1}{n}})^n = a^{\frac{1}{n} \cdot n} = a^1 = a$$

つまり，$a^{\frac{1}{n}}$ は a の n 乗根 (n 乗すると a になる数) である．そこで，

$$a^{\frac{1}{n}} = \sqrt[n]{a}$$

すなわち a の正の n 乗根を $a^{\frac{1}{n}}$ と定める．さらに，整数 m, n $(n > 0)$ に対し，

$$a^{\frac{m}{n}} = \sqrt[n]{a^m}$$

と定める．すると，$a > 0$ のとき，指数法則 (ⅰ), (ⅱ), (ⅲ) は有理数 m, n に対して成り立つことが分かる．

問 3　次の式を簡単にせよ．
(1) $a^{\frac{1}{2}} a^{-\frac{1}{3}}$　　(2) $\left(a^{\frac{1}{2}}\right)^{-\frac{1}{2}}$　　(3) $\left(a^{\frac{1}{2}} b^{-\frac{1}{3}}\right)^{-2}$　　(4) $\left(\dfrac{a^3}{b^{\frac{1}{2}}}\right)^{-\frac{1}{3}}$

指数が無理数の場合には，例えば，円周率 $\pi = 3.14159\cdots$ のときには，

$$3.1 = \frac{31}{10},\ 3.14 = \frac{314}{100},\ 3.141 = \frac{3141}{1000}, \cdots$$

という有理数を使って，2^π の値を

$$2^3,\ 2^{3.1},\ 2^{3.14},\ 2^{3.141},\ 2^{3.1415},\ 2^{3.14159}, \cdots$$

が近づく値と定める．このようにして，$a > 0$ のとき，実数 x に対して a^x の値が定められ，この場合にも指数法則 (i), (ii), (iii) が成り立つことが分かる．

1.1.2 指数関数

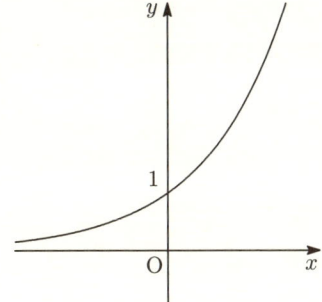

図 1.1 $y = 2^x$

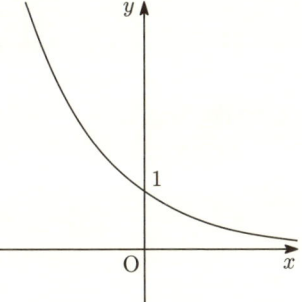

図 1.2 $y = (1/2)^x$

$y = a^x\ (a > 0, a \neq 1)$ を a を底とする**指数関数**という．$a = 2$ のとき (図 1.1) と $a = 1/2$ のとき (図 1.2) のグラフは図のようになる．一般に，$a > 1$ のとき，指数関数 $y = a^x$ のグラフは右肩上がり，$y = (1/a)^x$ のグラフは右肩下がりで，それらは y 軸に関して対称である (図 1.3 参照)．

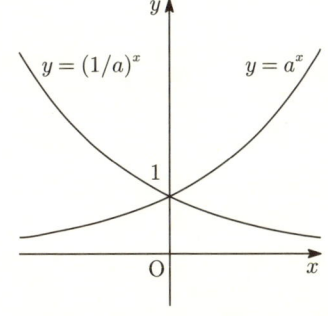

図 1.3 ($a > 1$ のとき)

1.2 対数関数

1.2.1 対　数

$a > 0, a \neq 1$ のとき，指数関数 $y = a^x$ のグラフから分かるように，y の正の値 M に対応する x の値 m が唯一つに定まる．この m を $\log_a M$ で表し，a を**底**とする M の**対数**という．また M を $\log_a M$ の**真数**という．真数は常に正である．これを**真数条件**という．

$$a^m = M \iff m = \log_a M$$

問 4

次の値を求めよ．
(1) $\log_2 8$ 　(2) $\log_3 9$ 　(3) $\log_4 2$ 　(4) $\log_{\frac{1}{3}} 3$

1.2.2 対数の性質

$a^0 = 1, a^1 = a$ より，

$$\log_a 1 = 0, \ \log_a a = 1$$

が分かるが，さらに，指数法則 (i), (ii), (iii) から次も容易に分かる．

対数の性質

$a > 0, a \neq 1, M > 0, N > 0$ で k を実数とする．
(i) $\log_a MN = \log_a M + \log_a N$
(ii) $\log_a \dfrac{M}{N} = \log_a M - \log_a N$
(iii) $\log_a M^k = k \log_a M$

[**解説**] $\log_a M = m, \log_a N = n$ とおくと，$M = a^m, N = a^n$ である．
(i) $MN = a^m a^n = a^{m+n}$ なので，対数の定義より，

$$\log_a MN = m + n = \log_a M + \log_a N.$$

(ii) $\dfrac{M}{N} = \dfrac{a^m}{a^n} = a^{m-n}$ なので，同様に，

1.2 対数関数

$$\log_a \frac{M}{N} = m - n = \log_a M - \log_a N.$$

(iii) $M^k = (a^m)^k = a^{mk}$ なので，同様に，

$$\log_a M^k = mk = k \log_a M. \qquad \square$$

問 5

次の式を簡単にせよ．

(1) $\log_2 5 + \log_2 3$ (2) $\log_3 6 - \log_3 2$

(3) $\log_5 125$ (4) $\log_3 \frac{1}{\sqrt{6}} + \log_3 \left(27\sqrt{2}\right)$

1.2.3 底の変換

次の公式を使うと，底を自由に換えることができる．

底の変換公式

a, b, c を正の数で，$a \neq 1, c \neq 1$ とすると，

$$\log_a b = \frac{\log_c b}{\log_c a}$$

[解説] $\log_a b = p$ とおくと，$b = a^p$. ゆえに，

$$\frac{\log_c b}{\log_c a} = \frac{\log_c a^p}{\log_c a} = \frac{p \log_c a}{\log_c a} = p = \log_a b.$$

$\square$

問 6

次の式を簡単にせよ．

(1) $\log_2 3 \cdot \log_3 2$ (2) $\log_2 3 \cdot \log_9 2$ (3) $\log_2 9 - \log_8 27$

1.2.4 対数関数

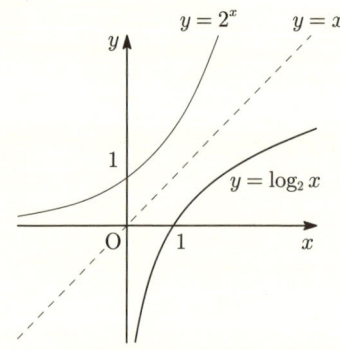

図 1.4 $y = \log_2 x$

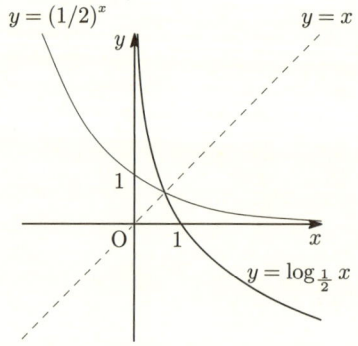

図 1.5 $y = \log_{\frac{1}{2}} x$

$y = \log_a x \ (a > 0, a \neq 1)$ を a を**底**とする**対数関数**という.対数関数 $y = \log_a x$ は指数関数 $y = a^x$ の逆関数 (注意 1.1 参照) である. $a = 2$ のときと $a = 1/2$ のときのグラフは,図 1.4, 1.5 のようになる.

一般に, $a > 1$ のとき,対数関数 $y = \log_a x$ のグラフは右肩上がり, $y = \log_{\frac{1}{a}} x$ のグラフは右肩下がりで,それらは x 軸に関して対称である (図 1.6).

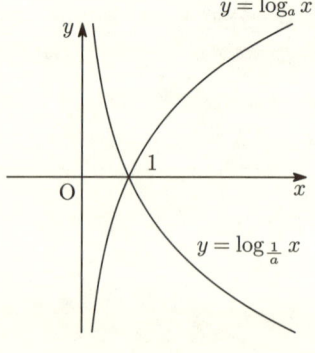

図 1.6 ($a > 1$ のとき)

1.2 対数関数

注意 1.1

関数 $y = f(x)$ は

$$x_1 < x_2 \implies f(x_1) < f(x_2)$$

をみたすとき, **(狭義) 単調増加**であるといい,

$$x_1 < x_2 \implies f(x_1) > f(x_2)$$

をみたすとき, **(狭義) 単調減少**であるという. これらのとき, y の値 y_0 に対して x の値 x_0 が唯一つに定まる. このような関数を **1 対 1 の関数**と呼ぶ. $y = f(x)$ が 1 対 1 の関数ならば, x を y の関数と考えることができる. このとき, $x = f^{-1}(y)$ と表す. この x と y を入れ換えて $y = f^{-1}(x)$ としたものを $y = f(x)$ の**逆関数**という[*1]. □

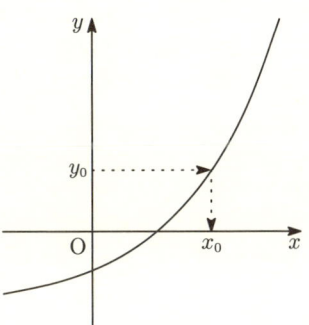

図 1.7

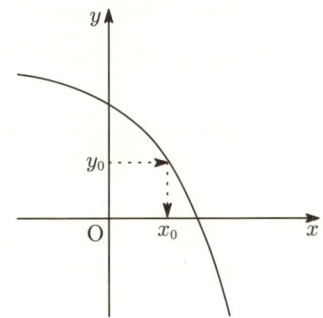

図 1.8

[*1] $y = f(x)$ の逆関数は, 本来 $x = f^{-1}(y)$ とすべきものであるが, 昨今の高校の教科書にならい, 本書では, x と y を入れ換えて $y = f^{-1}(x)$ とかくことにする.

第2章 三角関数

2.1 三角比

図 2.1 のように，直角三角形の 1 つの鋭角を θ，斜辺の長さを r，その他の 2 辺の長さを x, y とするとき，θ の**正弦** (**sine**)，**余弦** (**cosine**)，**正接** (**tangent**) をそれぞれ

$$\sin\theta = \frac{y}{r}, \ \cos\theta = \frac{x}{r}, \ \tan\theta = \frac{y}{x}$$

で定義する．それらは，角 θ の大きさだけで決まる．

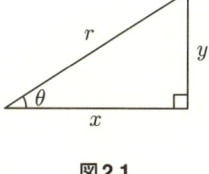

図 2.1

例 2.1
図 2.2 の三角形において，

$$\sin\theta = \frac{3}{5}, \ \cos\theta = \frac{4}{5}, \ \tan\theta = \frac{3}{4}$$

である．　　　　　　　　　　□

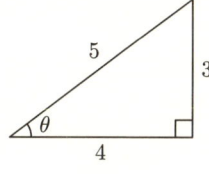

図 2.2

問1

次の直角三角形について $\sin\theta$, $\cos\theta$, $\tan\theta$ を求めよ．

(1)   (2)

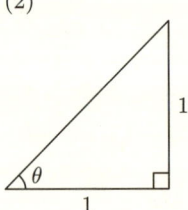

問2

$\theta = 30°$, $45°$, $60°$ のとき, $\sin\theta$, $\cos\theta$, $\tan\theta$ の値をそれぞれ求めよ．

定義から

$$\tan\theta = \frac{\sin\theta}{\cos\theta} \tag{2.1}$$

であることがすぐに分かり，また，三平方の定理 $x^2 + y^2 = r^2$ から

$$\sin^2\theta + \cos^2\theta = 1 \tag{2.2}$$

も分かる（$(\sin\theta)^2$ を $\sin^2\theta$ とかく）．

問3

$\theta = 30°$ のとき, 公式 (2.1), (2.2) を確かめよ．

2.2 三角関数

2.2.1 弧度法

以後，角度の単位を改めて，

$$180° = \pi \,(\text{ラジアン})$$

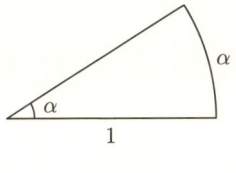

図 2.3

と表す．すると，半径 1 の扇形の弧の長さと中心角は等しくなる．このような角の表し方を**弧度法**と呼ぶ (単位ラジアンはしばしば省略される).

例 2.2

(1)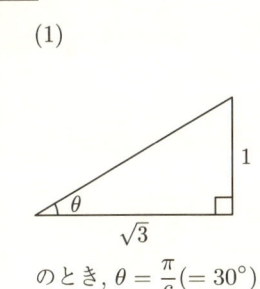

のとき, $\theta = \dfrac{\pi}{6} (= 30°)$.

(2)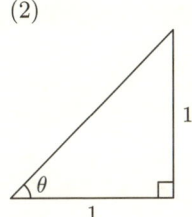

のとき, $\theta = \dfrac{\pi}{4} (= 45°)$. □

問 4

次の角度をラジアンで表せ．
(1) 30° (2) 45° (3) 60° (4) 90° (5) 270° (6) 360°

2.2.2 三角関数

図 2.4 のように, x-y 平面上の半径 r の円を考える. 円周上の点 P の座標を (x, y), OP と x 軸の正の向きとのなす角を $\theta (\geq 0)$ とするとき, 三角比と同様に, θ の正弦, 余弦, 正接をそれぞれ

$$\sin\theta = \frac{y}{r}, \ \cos\theta = \frac{x}{r}, \ \tan\theta = \frac{y}{x}$$

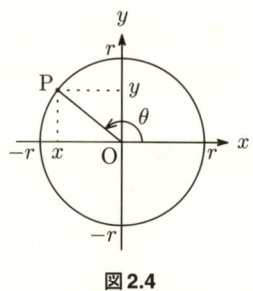

図 2.4

と定義する (ただし, $\tan\theta$ は, $x = 0$ すなわち $\theta = \pi/2, 3\pi/2, \ldots$ では定義されない). これらは角 θ だけで決まる. $\theta < 0$ のときは, OP を x 軸の正の部分から時計回りに動かしたときの角度と考える (図 2.5 参照).

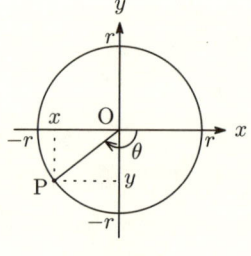

図 2.5

例 2.3

$$\sin\left(-\frac{\pi}{3}\right) = -\frac{\sqrt{3}}{2} \left(= -\sin\frac{\pi}{3}\right),$$
$$\cos\left(-\frac{\pi}{3}\right) = \frac{1}{2} \left(= \cos\frac{\pi}{3}\right),$$
$$\tan\left(-\frac{\pi}{3}\right) = -\sqrt{3} \left(= -\tan\frac{\pi}{3}\right).$$

□

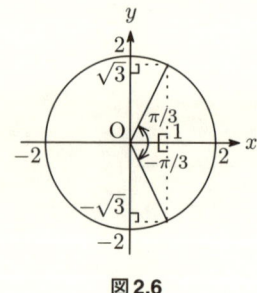

図 2.6

上の例と図 2.4〜2.6 から分かるように,

$$\sin(-\theta) = -\sin\theta, \ \cos(-\theta) = \cos\theta, \ \tan(-\theta) = -\tan\theta$$

が成り立つ. また, θ を $\theta + 2\pi$ や $\theta - 2\pi$ としても P の座標は変わらないので,

2.2 三角関数

$$\sin(\theta + 2n\pi) = \sin\theta, \quad \cos(\theta + 2n\pi) = \cos\theta,$$
$$\tan(\theta + 2n\pi) = \tan\theta \qquad (n：整数)$$

が成り立つことも分かる．

図 2.7 のように，原点 O を中心とする半径 1 の円 (**単位円**という) の周上に点 P をとると，その座標 (x, y) は

$$x = \cos\theta, \ y = \sin\theta$$

となる．したがって，

$$-1 \leq \sin\theta \leq 1, \ -1 \leq \cos\theta \leq 1$$

である．また，直線 OP と直線 $x = 1$ の交点を $T(1, t)$ とすると，

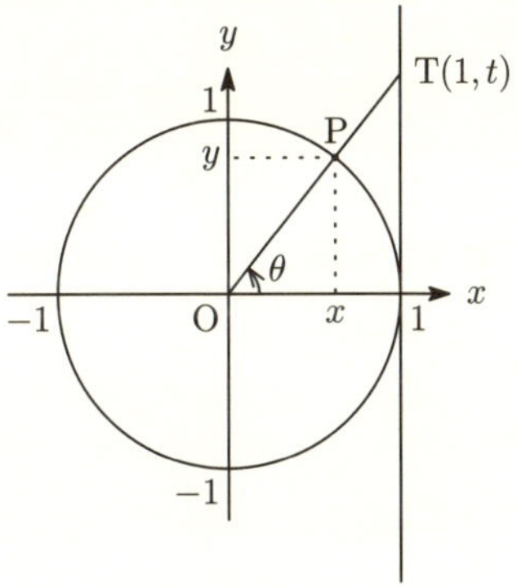

$$\tan\theta = \frac{y}{x} = t$$

図 2.7

となる．P が単位円周上を動くとき，点 $T(1, t)$ は直線 $x = 1$ 上のすべての点を動くので，$(t =) \tan\theta$ はすべての実数値をとることに注意しよう．したがって，

$$\tan\theta = \frac{\sin\theta}{\cos\theta}, \quad \sin^2\theta + \cos^2\theta = 1$$

が分かる．これらの公式から次の公式が導かれる．

公式
$$1 + \tan^2\theta = \frac{1}{\cos^2\theta}$$

> **問 5**
> 上の公式が成り立つことを示せ．

2.2.3 三角関数のグラフ

すでに見たように，

$$\sin(x+2\pi) = \sin x, \quad (2.3)$$
$$\cos(x+2\pi) = \cos x \quad (2.4)$$

が成り立ち，また，

$$\sin(x+\pi) = -\sin x,$$
$$\cos(x+\pi) = -\cos x$$

であるから，

$$\tan(x+\pi) = \tan x \quad (2.5)$$

が成り立つ．一般に，関数 $y=f(x)$ がある数 a に対し常に

$$f(x+a) = f(x)$$

をみたすとき，$y=f(x)$ は**周期 a の周期関数**であるという．(2.3), (2.4), (2.5) から，

$y=\sin x, y=\cos x$ は周期 2π, $y=\tan x$ は周期 π の周期関数

であることが分かる．このことと，図 2.7 で

$$x=\cos\theta, \ y=\sin\theta, \ t=\tan\theta$$

であることに注意すれば，三角関数のグラフは次のようになることが分かる．

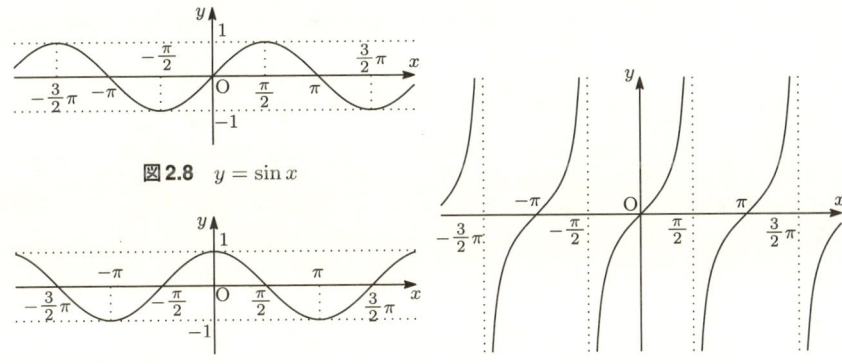

図 2.8　$y = \sin x$

図 2.9　$y = \cos x$

図 2.10　$y = \tan x$

問 6

次の周期関数の周期を求めよ．

(1) $y = \sin\left(x + \dfrac{\pi}{2}\right)$　　(2) $y = \tan 2x$

(3) $y = \cos^2 x$

2.2.4 加法定理

ここでは三角関数の加法定理と，それから得られるいくつかの公式を紹介しよう．

― 加法定理 ―

$$\sin(\alpha \pm \beta) = \sin\alpha\cos\beta \pm \cos\alpha\sin\beta$$
$$\cos(\alpha \pm \beta) = \cos\alpha\cos\beta \mp \sin\alpha\sin\beta$$
$$\tan(\alpha \pm \beta) = \frac{\tan\alpha \pm \tan\beta}{1 \mp \tan\alpha\tan\beta} \qquad \text{(すべて複号同順)}$$

問 7

$\sin\dfrac{7}{12}\pi$, $\cos\dfrac{7}{12}\pi$, $\tan\dfrac{7}{12}\pi$ の値をそれぞれ求めよ．

（ヒント：$\dfrac{7}{12}\pi = \dfrac{\pi}{3} + \dfrac{\pi}{4}$ である）

加法定理において $\beta = \alpha$ とすると，次が得られる．

2倍角の公式

$$\sin 2\alpha = 2\sin\alpha\cos\alpha$$
$$\cos 2\alpha = \cos^2\alpha - \sin^2\alpha = 1 - 2\sin^2\alpha = 2\cos^2\alpha - 1$$
$$\tan 2\alpha = \frac{2\tan\alpha}{1-\tan^2\alpha}$$

2倍角の公式の2番目の式 $\cos 2\alpha = 1 - 2\sin^2\alpha = 2\cos^2\alpha - 1$ から,

$$\sin^2\alpha = \frac{1-\cos 2\alpha}{2}, \quad \cos^2\alpha = \frac{1+\cos 2\alpha}{2}.$$

α を $\alpha/2$ で置き換えれば,次が得られる.

半角の公式

$$\sin^2\frac{\alpha}{2} = \frac{1-\cos\alpha}{2}, \quad \cos^2\frac{\alpha}{2} = \frac{1+\cos\alpha}{2}$$

また,加法定理から次の公式も導かれる.

和と積の公式

(1) $\sin A + \sin B = 2\sin\dfrac{A+B}{2}\cos\dfrac{A-B}{2}$

(2) $\sin A - \sin B = 2\cos\dfrac{A+B}{2}\sin\dfrac{A-B}{2}$

(3) $\cos A + \cos B = 2\cos\dfrac{A+B}{2}\cos\dfrac{A-B}{2}$

(4) $\cos A - \cos B = -2\sin\dfrac{A+B}{2}\sin\dfrac{A-B}{2}$

問 8

和と積の公式を示せ.

問 9

和と積の公式で

$$\alpha = \frac{A+B}{2}, \ \beta = \frac{A-B}{2}$$

とおくことにより,次を示せ.

$$
\begin{aligned}
&(1)\ \sin\alpha\cos\beta = \frac{1}{2}\{\sin(\alpha+\beta)+\sin(\alpha-\beta)\} \\
&(2)\ \cos\alpha\sin\beta = \frac{1}{2}\{\sin(\alpha+\beta)-\sin(\alpha-\beta)\} \\
&(3)\ \cos\alpha\cos\beta = \frac{1}{2}\{\cos(\alpha+\beta)+\cos(\alpha-\beta)\} \\
&(4)\ \sin\alpha\sin\beta = -\frac{1}{2}\{\cos(\alpha+\beta)-\cos(\alpha-\beta)\}
\end{aligned}
$$

問 10

和と積の公式と問 9 を使って，次の問に答えよ．
(1) $\sin(x+a)-\sin x$ を三角関数の積で表せ．
(2) $\sin(x+a)\cos(x-a)$ を三角関数の和で表せ．

問 11 3倍角の公式

次を示せ．
(1) $\sin 3\theta = 3\sin\theta - 4\sin^3\theta$
(2) $\cos 3\theta = 4\cos^3\theta - 3\cos\theta$

2.3 逆三角関数

指数関数 $y=a^x$ の逆関数は対数関数 $y=\log_a x$ であった．三角関数の逆関数も考えることができるが，指数関数のように 1 対 1 の関数ではないので注意が必要である[*1]．まず $y=\sin x$ から考えてみよう．

図 2.11 のように，$-\pi/2 \leq x \leq \pi/2$ に限れば，$y=\sin x$ は 1 対 1 の関数である．そこで，$y=\sin x\ (-\pi/2 \leq x \leq \pi/2)$ をみたす x を $x=\sin^{-1}y$ (右辺を「アークサイン ワイ」とよむ) と表す[*2]．つまり，

$$
\boxed{\ y=\sin x\ \ \left(-\frac{\pi}{2}\leq x\leq \frac{\pi}{2}\right)\ \iff\ x=\sin^{-1}y\ } \tag{2.6}
$$

[*1] 例えば，$y=\sin x$ について，$y=0$ となる x は $x=0, \pm\pi, \pm 2\pi, \ldots$ (無限に存在!) なので，1 対 1 ではない．
[*2] $x=\arcsin y$ ともかく．

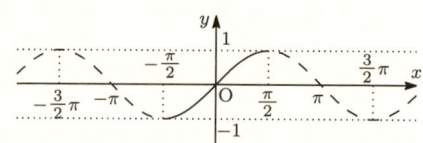

図 2.11 $y = \sin x \left(-\dfrac{\pi}{2} \leq x \leq \dfrac{\pi}{2}\right)$

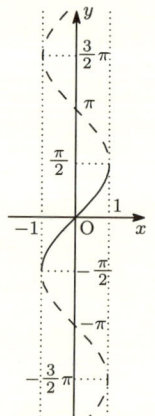

図 2.12 $y = \sin^{-1} x$

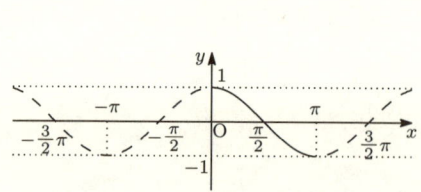

図 2.13 $y = \cos x \ (0 \leq x \leq \pi)$

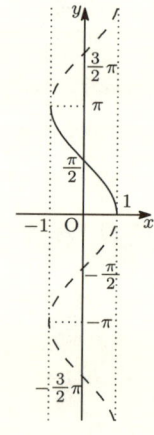

図 2.14 $y = \cos^{-1} x$

である．ここで x と y の立場を入れ換えた $y = \sin^{-1} x$ が $y = \sin x \ (-\pi/2 \leq x \leq \pi/2)$ の逆関数である（図 2.12 参照）．

同様に，$y = \cos x$ は $0 \leq x \leq \pi$ においては 1 対 1 の関数なので（図 2.13 参照），

$$y = \cos x \ \ (0 \leq x \leq \pi) \iff x = \cos^{-1} y \tag{2.7}$$

2.3 逆三角関数

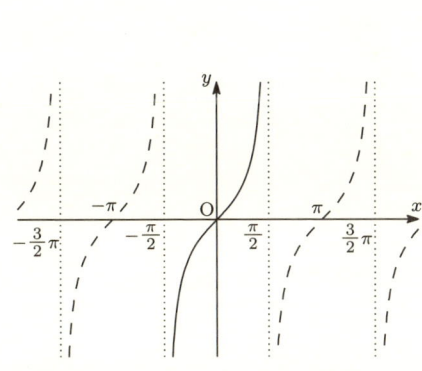

図 2.15　$y = \tan x \left(-\dfrac{\pi}{2} < x < \dfrac{\pi}{2} \right)$

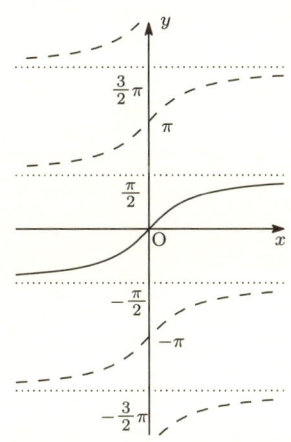

図 2.16　$y = \tan^{-1} x$

である ($\cos^{-1} y$ を「アークコサイン ワイ」とよむ)[*3]. $y = \cos^{-1} x$ が $y = \cos x$ ($0 \leq x \leq \pi$) の逆関数である (図 2.14 参照). また, $y = \tan x$ は $-\pi/2 < x < \pi/2$ においては 1 対 1 の関数なので (図 2.15 参照),

$$y = \tan x \;\left(-\frac{\pi}{2} < x < \frac{\pi}{2} \right) \iff x = \tan^{-1} y \tag{2.8}$$

である ($\tan^{-1} y$ を「アークタンジェント ワイ」とよむ)[*4]. $y = \tan^{-1} x$ が $y = \tan x$ ($-\pi/2 < x < \pi/2$) の逆関数である (図 2.16 参照). $\sin^{-1} x$, $\cos^{-1} x$, $\tan^{-1} x$ をまとめて**逆三角関数**とよぶ.

注意 2.4

$\sin^{-1} x$, $\cos^{-1} x$, $\tan^{-1} x$ は $\dfrac{1}{\sin x}$, $\dfrac{1}{\cos x}$, $\dfrac{1}{\tan x}$ とは全く別の関数であることに注意しよう!! □

逆三角関数の値を求める際には, (2.6), (2.7), (2.8) を利用する.

[*3] $x = \arccos y$ ともかく.
[*4] $x = \arctan y$ ともかく.

例 2.5

$\sin^{-1}\dfrac{\sqrt{3}}{2}$ は $\sin\theta = \dfrac{\sqrt{3}}{2}$ をみたす $-\dfrac{\pi}{2} \leq \theta \leq \dfrac{\pi}{2}$ の範囲の角 θ のことである．つまり，(2.6) より

$$\theta = \sin^{-1}\dfrac{\sqrt{3}}{2} \iff \sin\theta = \dfrac{\sqrt{3}}{2} \quad \left(-\dfrac{\pi}{2} \leq \theta \leq \dfrac{\pi}{2}\right)$$

従って，$\sin^{-1}\dfrac{\sqrt{3}}{2} = \theta = \dfrac{\pi}{3}$ である．

同様に，$\theta = \cos^{-1}\dfrac{\sqrt{3}}{2}$ とおくと (2.7) より

$$\theta = \cos^{-1}\dfrac{\sqrt{3}}{2} \iff \cos\theta = \dfrac{\sqrt{3}}{2} \quad (0 \leq \theta \leq \pi)$$

なので $\cos^{-1}\dfrac{\sqrt{3}}{2} = \theta = \dfrac{\pi}{6}$ であり，$\theta = \tan^{-1}\sqrt{3}$ とおくと (2.8) より

$$\theta = \tan^{-1}\sqrt{3} \iff \tan\theta = \sqrt{3} \quad \left(-\dfrac{\pi}{2} < \theta < \dfrac{\pi}{2}\right)$$

なので $\tan^{-1}\sqrt{3} = \theta = \dfrac{\pi}{3}$ である． □

問 12

次の値を求めよ．
(1) $\sin^{-1} 0$ (2) $\cos^{-1} 0$ (3) $\tan^{-1} 0$
(4) $\sin^{-1} 1$ (5) $\cos^{-1} 1$ (6) $\tan^{-1} 1$
(7) $\sin^{-1}(-1)$ (8) $\cos^{-1}(-1)$ (9) $\tan^{-1}(-1)$
(10) $\sin^{-1}\dfrac{1}{2}$ (11) $\cos^{-1}\dfrac{1}{2}$ (12) $\tan^{-1}\dfrac{1}{\sqrt{3}}$

第3章 微分

3.1 関数の極限

関数 $f(x)$ について, x が a に限りなく近づくとき, $f(x)$ がある数 A に限りなく近づくならば,

$$f(x) \longrightarrow A \ (x \to a)$$

または

$$\lim_{x \to a} f(x) = A$$

とかき, A を $f(x)$ の $x = a$ における**極限値**という. また, x が a に限りなく近づくとき, $f(x)$ が限りなく増加するならば,

$$f(x) \to \infty \ (x \to a) \quad \text{や} \quad \lim_{x \to a} f(x) = \infty$$

と表し, $x \to a$ のとき $f(x)$ の極限は ∞ である, または, $f(x)$ は ∞ に**発散する**という. $\lim_{x \to a} f(x) = -\infty$ についても同様である ("増加" を "減少" に, "∞" を "$-\infty$" に換えればよい). $x \to \infty$ や $x \to -\infty$ のときの極限 (値) も同様に定義される.

例題 3.1

次の極限を求めよ.

(1) $\displaystyle \lim_{x \to \infty} \frac{1}{x}$

(2) $\displaystyle \lim_{x \to 0} \frac{1}{x^2}$

(3) $\displaystyle \lim_{x \to 0} \cos x$

(4) $\displaystyle \lim_{x \to 1} \frac{x^2 - 1}{x - 1}$

(5) $\displaystyle \lim_{x \to 0} \frac{(x+1)^3 - 1}{x}$

(6) $\displaystyle \lim_{x \to \infty} \frac{3x^3 + x^2 - 2x + 2}{x^3 - 2x^2 + x - 1}$

(7) $\lim_{x \to 0} \dfrac{\sqrt{x+1}-1}{x}$ (8) $\lim_{x \to 0} \dfrac{\sin(a+x) - \sin a}{\sin \frac{x}{2}}$ (a：定数)

(**解**) (1) $\lim_{x \to \infty} \dfrac{1}{x} = 0$. (2) $\lim_{x \to 0} \dfrac{1}{x^2} = \infty$.

(3) $\lim_{x \to 0} \cos x = \cos 0 = 1$.

(4) $\lim_{x \to 1} \dfrac{x^2 - 1}{x - 1} = \lim_{x \to 1} \dfrac{(x+1)(x-1)}{x-1} = \lim_{x \to 1}(x+1) = 2$.

(5) $\lim_{x \to 0} \dfrac{(x+1)^3 - 1}{x} = \lim_{x \to 0} \dfrac{x^3 + 3x^2 + 3x + 1 - 1}{x}$
$= \lim_{x \to 0} \dfrac{x^3 + 3x^2 + 3x}{x} = \lim_{x \to 0}(x^2 + 3x + 3) = 3$.

(6) $\lim_{x \to \infty} \dfrac{3x^3 + x^2 - 2x + 2}{x^3 - 2x^2 + x - 1} = \lim_{x \to \infty} \dfrac{3 + \frac{1}{x} - \frac{2}{x^2} + \frac{2}{x^3}}{1 - \frac{2}{x} + \frac{1}{x^2} - \frac{1}{x^3}} = \dfrac{3}{1} = 3$.

(7) $\lim_{x \to 0} \dfrac{\sqrt{x+1}-1}{x} = \lim_{x \to 0} \dfrac{(\sqrt{x+1}-1)(\sqrt{x+1}+1)}{x(\sqrt{x+1}+1)}$
$= \lim_{x \to 0} \dfrac{x+1-1}{x(\sqrt{x+1}+1)} = \lim_{x \to 0} \dfrac{x}{x(\sqrt{x+1}+1)}$
$= \lim_{x \to 0} \dfrac{1}{\sqrt{x+1}+1} = \dfrac{1}{\sqrt{1}+1} = \dfrac{1}{2}$.

(8) $\lim_{x \to 0} \dfrac{\sin(a+x) - \sin a}{\sin \frac{x}{2}}$
$= \lim_{x \to 0} \dfrac{2\cos \frac{a+x+a}{2} \sin \frac{a+x-a}{2}}{\sin \frac{x}{2}}$ ← 和と積の公式 (2.2.4 節)
$= \lim_{x \to 0} \dfrac{2\cos \frac{2a+x}{2} \sin \frac{x}{2}}{\sin \frac{x}{2}} = \lim_{x \to 0} 2\cos\left(a + \dfrac{x}{2}\right) = 2\cos a$. □

問 1

次の極限を求めよ．

(1) $\lim_{x \to \infty} \dfrac{2x^3 - 4x + 3}{3x^3 + 5x^2 - 7}$

(2) $\lim_{x \to \infty} \left(2x - \sqrt{4x^2 - 3x}\right)$

3.1 関数の極限

例 3.2

(1) 極限値
$$\lim_{x \to \infty} \left(1 + \frac{1}{x}\right)^x$$

は 2 より大きく 3 より小さい無理数であることが知られている (e の近似値の求め方は, 3.7 節, 公式 (マクローリン展開)(1) の解説参照). この値を e とかき, **ネイピアの数**と呼ぶ[*1]. すると,

$$\boxed{\lim_{x \to 0} \frac{e^x - 1}{x} = 1}$$

が分かる (問 2). これを使うと,

$$\lim_{h \to 0} \frac{e^{x+h} - e^x}{h} = e^x$$

が分かり, e^x の "微分" はやはり e^x であることが分かるのである (3.2 節参照).

(2) 等式

$$\boxed{\lim_{x \to 0} \frac{\sin x}{x} = 1}$$

が成り立つことが知られている (問 3). これを使うと,

$$\lim_{h \to 0} \frac{\sin(x+h) - \sin x}{h} = \cos x$$

が分かり, $\sin x$ の "微分" が $\cos x$ に等しいことが分かるのである (3.2 節参照).

□

[*1] e を底とする対数 $\log_e A$ を $\log A$ または $\ln A$ とかき A の**自然対数**と呼ぶ. 指数関数 $y = e^x$ やその逆関数である対数関数 $y = \log x$ は, 微分積分学において最も基本的で重要な関数である.

問 2

e の定義 $e = \lim_{x \to \infty} \left(1 + \dfrac{1}{x}\right)^x$ を使って次を順に示せ.

(1) $\lim_{x \to -\infty} \left(1 + \dfrac{1}{x}\right)^x = e$ （ヒント：$t = -x$ とおけ）

(2) $\lim_{x \to 0} (1+x)^{\frac{1}{x}} = e$

(3) $\lim_{x \to 0} \dfrac{\log(1+x)}{x} = 1$

(4) $\lim_{x \to 0} \dfrac{e^x - 1}{x} = 1$ （ヒント：$t = e^x - 1$ とおけ）

問 3

(1) $0 < x < \dfrac{\pi}{2}$ のとき,

$$\sin x < x < \tan x$$

が成り立つことを示せ（ヒント：三角形と扇形の面積を比較せよ）.

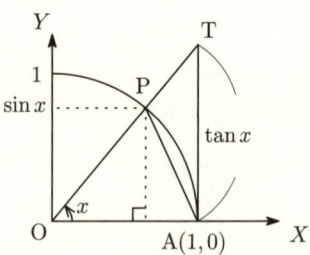

(2) (1) を使って

$$\lim_{x \to 0} \dfrac{\sin x}{x} = 1$$

を示せ（ヒント：$0 < x < \dfrac{\pi}{2}$, $-\dfrac{\pi}{2} < x < 0$ の各場合に $\cos x < \dfrac{\sin x}{x} < 1$ を示せ）.

問 4

$\lim_{x \to 0} \dfrac{\sin x}{x} = 1$ を使って次の極限値を求めよ.

(1) $\lim_{x \to \infty} x \sin \dfrac{1}{x}$

(2) $\lim_{x \to 0} \dfrac{\sin ax}{x}$ $(a \neq 0)$

(3) $\lim_{x \to 0} \dfrac{1 - \cos x}{x^2}$

3.1.1 右極限, 左極限

x が a より大きい値をとりながら a に近づくことを $x \to a+0$, a より小さい値をとりながら a に近づくことを $x \to a-0$ とかく．特に, $a = 0$ のときは単に $x \to +0$, $x \to -0$ とかく．関数 $f(x)$ の極限

$$\lim_{x \to a+0} f(x), \quad \lim_{x \to a-0} f(x)$$

をそれぞれ**右極限**, **左極限**と呼ぶ[*2]．

例 3.3

(1) $\displaystyle\lim_{x \to +0} \frac{1}{x} = \infty, \quad \lim_{x \to -0} \frac{1}{x} = -\infty$.

(2) 関数 $f(x) = \dfrac{x}{|x|}$ について

$$\frac{x}{|x|} = \begin{cases} 1 & (x > 0) \\ -1 & (x < 0) \end{cases}$$

なので, 次が成り立つ.

$$\lim_{x \to +0} \frac{x}{|x|} = 1, \quad \lim_{x \to -0} \frac{x}{|x|} = -1$$

□

3.2 導関数

3.2.1 微分可能性

関数 $f(x)$ に対し極限値

$$\boxed{\lim_{h \to 0} \frac{f(a+h) - f(a)}{h}} \tag{3.1}$$

が存在するとき, $f(x)$ は $x = a$ で**微分可能**であるという．このとき上の極限値を $\boxed{f'(a)}$ とかき, $f(x)$ の $x = a$ における**微分係数**と呼ぶ．

[*2] 極限値 $\displaystyle\lim_{x \to a} f(x)$ が存在するためには, $\displaystyle\lim_{x \to a+0} f(x) = \lim_{x \to a-0} f(x)$ でなければならない．

注意 3.4

(3.1) に現れる $\dfrac{f(a+h)-f(a)}{h}$ は 2 点 $(a, f(a)), (a+h, f(a+h))$ を結ぶ直線の傾きを表す．したがって (3.1) は $x = a$ における接線の傾きを表している (図 3.1 参照)．　□

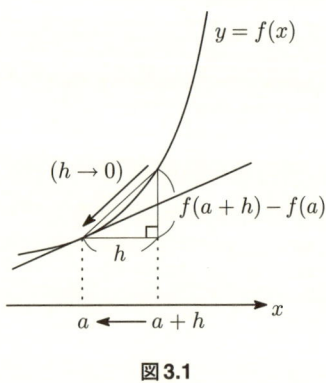

図 3.1

3.2.2 導関数

関数 $y = f(x)$ に対し，対応

$$x \mapsto f'(x)$$

を $f(x)$ の **導関数** という．導関数を求めることを **微分する** という．$f'(x)$ を

$$y', \quad \frac{df}{dx}, \quad \frac{dy}{dx}$$

等とも表す．

基本的な関数の導関数

(1) $C' = 0$　(C：定数)

(2) $(x^n)' = nx^{n-1}$　(n：正の整数)

(3) $(e^x)' = e^x$

(4) $(\sin x)' = \cos x$

(5) $(\cos x)' = -\sin x$

[解説]　(1) $f(x) = C$ (定数) とおくと，$f(x+h) = C$ なので

$$\begin{aligned}
C' = f'(x) &= \lim_{h \to 0} \frac{f(x+h) - f(x)}{h} \\
&= \lim_{h \to 0} \frac{C - C}{h} \\
&= \lim_{h \to 0} \frac{0}{h} = \lim_{h \to 0} 0 = 0.
\end{aligned}$$

(2) $n = 1, 2, 3, 4$ のときを確認する. あとは類推できるであろう[*3].

$n = 1$ のとき,
$$x' = \lim_{h \to 0} \frac{x+h-x}{h} = \lim_{h \to 0} \frac{h}{h}$$
$$= \lim_{h \to 0} 1 = 1.$$

$n = 2$ のとき,
$$(x^2)' = \lim_{h \to 0} \frac{(x+h)^2 - x^2}{h} = \lim_{h \to 0} \frac{x^2 + 2hx + h^2 - x^2}{h}$$
$$= \lim_{h \to 0} \frac{2hx + h^2}{h} = \lim_{h \to 0}(2x + h) = 2x.$$

$n = 3$ のとき,
$$(x^3)' = \lim_{h \to 0} \frac{(x+h)^3 - x^3}{h} = \lim_{h \to 0} \frac{x^3 + 3hx^2 + 3h^2 x + h^3 - x^3}{h}$$
$$= \lim_{h \to 0} \frac{3hx^2 + 3h^2 x + h^3}{h} = \lim_{h \to 0}(3x^2 + 3hx + h^2) = 3x^2.$$

$n = 4$ のとき,
$$(x^4)' = \lim_{h \to 0} \frac{(x+h)^4 - x^4}{h} = \lim_{h \to 0} \frac{x^4 + 4hx^3 + 6h^2 x^2 + 4h^3 x + h^4 - x^4}{h}$$
$$= \lim_{h \to 0} \frac{4hx^3 + 6h^2 x^2 + 4h^3 x + h^4}{h}$$
$$= \lim_{h \to 0}(4x^3 + 6hx^2 + 4h^2 x + h^3) = 4x^3.$$

(3)
$$(e^x)' = \lim_{h \to 0} \frac{e^{x+h} - e^x}{h} = \lim_{h \to 0} \frac{e^x e^h - e^x}{h}$$
$$= \lim_{h \to 0} \frac{e^x(e^h - 1)}{h} = e^x \cdot \lim_{h \to 0} \frac{e^h - 1}{h}$$
$$= e^x.$$

⟵ $\lim_{h \to 0} \frac{e^h - 1}{h} = 1$ (問 2)

[*3] より一般に, $(x^\alpha)' = \alpha x^{\alpha - 1}$ (α : 実数) が成り立つことをあとでみる (3.4 節の公式参照).

(4)
$$\begin{aligned}
(\sin x)' &= \lim_{h \to 0} \frac{\sin(x+h) - \sin x}{h} \\
&= \lim_{h \to 0} \frac{2\cos\frac{x+h+x}{2} \sin\frac{x+h-x}{2}}{h} \\
&= \lim_{h \to 0} \frac{\cos\left(x + \frac{h}{2}\right) \sin\frac{h}{2}}{\frac{h}{2}} \\
&= \lim_{h \to 0} \cos\left(x + \frac{h}{2}\right) \cdot \frac{\sin\frac{h}{2}}{\frac{h}{2}} \\
&= \cos x.
\end{aligned}$$

⟵ 和と積の公式 (2.2.4 節)

⟵ $\lim_{h \to 0} \frac{\sin h}{h} = 1$ (問 3)

(5) (4) と同様に分かる. □

問 5
上の (5) $(\cos x)' = -\sin x$ を示せ.

導関数の性質

(i) $\{kf(x)\}' = kf'(x)$　(k：定数)
(ii) $\{f(x) + g(x)\}' = f'(x) + g'(x)$,　$\{f(x) - g(x)\}' = f'(x) - g'(x)$
(iii) $\{f(x)g(x)\}' = f'(x)g(x) + f(x)g'(x)$　**積の微分**
(iv) $\left\{\dfrac{f(x)}{g(x)}\right\}' = \dfrac{f'(x)g(x) - f(x)g'(x)}{\{g(x)\}^2}$　**商の微分**

特に，$\left\{\dfrac{1}{g(x)}\right\}' = -\dfrac{g'(x)}{\{g(x)\}^2}$

[**解説**]　(i), (ii) は極限の性質から分かる (問 6 (1)).
(iii) $F(x) = f(x)g(x)$ とおくと
$$\{f(x)g(x)\}' = F'(x) = \lim_{h \to 0} \frac{F(x+h) - F(x)}{h}$$
なので，
$$\begin{aligned}
\{f(x)g(x)\}' &= \lim_{h \to 0} \frac{f(x+h)g(x+h) - f(x)g(x)}{h} \\
&= \lim_{h \to 0} \frac{\{f(x+h) - f(x)\}g(x+h) + f(x)\{g(x+h) - g(x)\}}{h} \\
&= \lim_{h \to 0} \left\{\frac{f(x+h) - f(x)}{h} \cdot g(x+h) + f(x) \cdot \frac{g(x+h) - g(x)}{h}\right\}
\end{aligned}$$

$$= f'(x)g(x) + f(x)g'(x).$$

(iv) 前半は (iii) と同じような方法で示される (問 6 (2)). 後半は, $f(x) = 1$ とおくと $f'(x) = 0$ なので, 前半の式からすぐに分かる. □

問 6

(1) 上の (i), (ii) を示せ.
(2) 上の (iv) の前半の式を示せ.

例題 3.5

次の関数を微分せよ.
(1) $f(x) = 4x^3 - 3x^2 + x - 5$ (2) $f(x) = \dfrac{1}{x}$
(3) $f(x) = xe^x$ (4) $f(x) = \tan x$

(**解**) (1) $f'(x) = 4 \cdot 3x^2 - 3 \cdot 2x + 1 + 0 = 12x^2 - 6x + 1.$
(2) $f'(x) = -\dfrac{1}{x^2}.$
(3) $f'(x) = x'e^x + x(e^x)' = e^x + xe^x \, (= e^x(1+x)\,).$
(4) $f'(x) = \left(\dfrac{\sin x}{\cos x}\right)' = \dfrac{(\sin x)' \cos x - \sin x (\cos x)'}{\cos^2 x}$
$= \dfrac{\cos^2 x + \sin^2 x}{\cos^2 x} = \dfrac{1}{\cos^2 x}.$ □

例題 3.5 (4) は, 公式として覚えよう.

公式

$$(\tan x)' = \dfrac{1}{\cos^2 x}$$

問 7

次の関数を微分せよ.
(1) $f(x) = ax^3 + bx^2 + cx + d$ (a, b, c, d：定数)
(2) $f(x) = e^x \sin x$ (3) $f(x) = \dfrac{1}{\tan x}$

3.3 合成関数の微分法

y が u の関数 $y = f(u)$ であり,しかも u が x の関数 $u = g(x)$ であるとき,x に $f(g(x))$ を対応させる関数を g と f の **合成関数** という ($f(g(x))$ を $f \circ g(x)$ ともかく).例えば,$y = (2x+1)^3$ は,$g(x) = 2x+1$ と $f(u) = u^3$ の合成関数と考えられる.

$$x \xmapsto{g} g(x) \xmapsto{f} f(g(x))$$

$$x \longmapsto 2x+1 \longmapsto (2x+1)^3$$

問 8

次の関数を $y = f(g(x))$ と合成関数で表したとき,$g(x)$ と $f(u)$ は何か.
(1) $y = e^{3x}$ (2) $y = \sin^3 x$

合成関数 $y = f(g(x))$ の導関数は,$u = g(x)$ とおくとき,次の公式により計算される.

― 合成関数の微分法 ―

$$\frac{dy}{dx} = \frac{dy}{du} \cdot \frac{du}{dx}$$

$$\left(\frac{d}{dx} f(g(x)) = \frac{d}{du} f(u) \cdot \frac{d}{dx} g(x) \ \text{ともかける} \right)$$

[解説]

$$\frac{f(g(x+h)) - f(g(x))}{h} = \frac{f(g(x+h)) - f(g(x))}{g(x+h) - g(x)} \cdot \frac{g(x+h) - g(x)}{h}$$

の両辺を $h \to 0$ とすることにより

$$\frac{d}{dx} f(g(x)) = \frac{d}{du} f(u) \cdot \frac{d}{dx} g(x)$$

が分かる. □

例題 3.6

次の関数を微分せよ.
(1) $(2x+1)^3$ (2) e^{3x} (3) $\sin^3 x$

(**解**)　(1) $u = 2x+1$ とおくと，
$$\frac{d}{dx}\left((2x+1)^3\right) = \frac{d}{du}u^3 \cdot \frac{d}{dx}(2x+1)$$
$$= 3u^2 \cdot 2 = 6u^2 = 6(2x+1)^2.$$

←　$g(x) = 2x+1,\ f(u) = u^3$

(2) $u = 3x$ とおくと，
$$\frac{d}{dx}e^{3x} = \frac{d}{du}e^u \cdot \frac{d}{dx}(3x)$$
$$= e^u \cdot 3 = 3e^{3x}.$$

←　$g(x) = 3x,\ f(u) = e^u$

(3) $u = \sin x$ とおくと，
$$\frac{d}{dx}\sin^3 x = \frac{d}{du}u^3 \cdot \frac{d}{dx}\sin x$$
$$= 3u^2 \cos x = 3\sin^2 x \cos x.$$

←　$g(x) = \sin x,\ f(u) = u^3$

□

問 9

次の関数を微分せよ．

(1) $(-3x^2 + x - 2)^4$　　　(2) e^{ax}　　　(a：定数)
(3) $\sin 3x$　　　(4) $\sin ax$　　　(a：定数)
(5) $\cos 3x$　　　(6) $\cos ax$　　　(a：定数)
(7) $\tan 3x$　　　(8) $\tan ax$　　　(a：定数)
(9) e^{-2x^2+x}　　　(10) $\cos^3 x$
(11) $\tan^3 x$　　　(12) $(e^{-3x} + 2x^3)^2$

3.4　逆関数の微分法

$y = f(x)$ の逆関数 $y = f^{-1}(x)$ の導関数を求めよう．$y = f^{-1}(x)$ を $x = f(y)$ とかき直して両辺を x で微分すると，

$$1 = \frac{d}{dx}f(y).$$

ここで，合成関数の微分法より

$$\frac{d}{dx}f(y) = \frac{d}{dy}f(y) \cdot \frac{dy}{dx} = \frac{dx}{dy} \cdot \frac{dy}{dx}$$

なので，

$$\frac{dx}{dy} \cdot \frac{dy}{dx} = 1.$$

以上より，関数 $x = f(y)$ が逆関数 $y = f^{-1}(x)$ をもつとき，次の公式が成り立つ．

逆関数の微分法

$$\frac{dy}{dx} = \frac{1}{\dfrac{dx}{dy}}$$

$\left(\text{右辺は } \text{``}\dfrac{1}{x \text{ を } y \text{ で微分したもの}}\text{''} \text{ を表す}\right)$

公式

$$(\log x)' = \frac{1}{x} \quad (x > 0)$$

[**解説**] $y = \log x$ より $x = e^y$ なので，逆関数の微分法より

$$\frac{dy}{dx} = \frac{1}{\dfrac{dx}{dy}} = \frac{1}{\dfrac{d}{dy}e^y} = \frac{1}{e^y} = \frac{1}{x}. \qquad \square$$

さらに次が成り立つ．

公式

$$(\log |x|)' = \frac{1}{x} \quad (x \neq 0)$$

[**解説**] $x > 0$ のときは $|x| = x$ だから上の公式そのものである．$x < 0$ のとき，$|x| = -x$ なので，$u = -x$ とおくと合成関数の微分法より

$$(\log |x|)' = (\log(-x))' = \frac{d}{du}\log u \cdot \frac{d}{dx}(-x) = \frac{1}{u} \cdot (-1) = \frac{1}{x}. \qquad \square$$

例題 3.7

次の関数を微分せよ．

(1) $\log |3x|$ 　　　　　　　　(2) $\dfrac{\log |x|}{x}$

(解) (1) $u = 3x$ とおくと,

$$\frac{d}{dx} \log |3x| = \frac{d}{du} \log |u| \cdot \frac{d}{dx}(3x) = \frac{1}{u} \cdot 3 = \frac{1}{x}.$$

(2)
$$\frac{d}{dx}\left(\frac{\log |x|}{x}\right) = \frac{(\log |x|)' x - (\log |x|) x'}{x^2}$$
$$= \frac{\frac{1}{x} \cdot x - \log |x|}{x^2} = \frac{1 - \log |x|}{x^2}. \qquad \square$$

問 10

次の関数を微分せよ.
(1) $\log |-3x|$
(2) $\log |ax|$ $(a \neq 0)$
(3) $\log |\sin x|$
(4) $\log |\tan x|$
(5) $\dfrac{\log(x^2 + 1)}{x}$
(6) $\sin x \cdot \log(e^x + 1)$

公式
$$(x^\alpha)' = \alpha x^{\alpha - 1} \quad (\alpha : 実数)$$

この公式で $\alpha = \dfrac{1}{2}$ とすれば,

$$\boxed{(\sqrt{x})' = \frac{1}{2\sqrt{x}}}$$

が分かる.

[解説] $y = x^\alpha$ とおくと
$$\log |y| = \log |x^\alpha| = \log |x|^\alpha = \alpha \log |x|.$$

この式の両辺をそれぞれ x で微分すると

$$\frac{d}{dx} \log |y| = \frac{d}{dy} \log |y| \cdot \frac{dy}{dx}$$

⟵ 合成関数の微分法 !!

$$= \frac{1}{y} \cdot \frac{dy}{dx},$$

$$\frac{d}{dx}(\alpha \log |x|) = \alpha \cdot \frac{d}{dx} \log |x| = \alpha \cdot \frac{1}{x}$$

なので,

$$\frac{1}{y} \cdot \frac{dy}{dx} = \alpha \cdot \frac{1}{x}.$$

したがって

$$\frac{dy}{dx} = \alpha \cdot \frac{y}{x} = \alpha \cdot \frac{x^\alpha}{x} = \alpha x^{\alpha-1}. \qquad \square$$

このように両辺の対数をとってから微分する方法を**対数微分法**という．常に

$$\frac{d}{dx}\log|y| = \frac{1}{y} \cdot \frac{dy}{dx}$$

が成り立っていることに注意しよう．

例題 3.8

対数微分法を使って x^x $(x > 0)$ を微分せよ．

(**解**) $y = x^x$ とおくと, $x > 0$ なので

$$\log|y| = \log|x^x| = \log x^x = x\log x.$$

両辺を x で微分すると

$$\frac{1}{y} \cdot \frac{dy}{dx} = \frac{d}{dx}(x\log x) = x'\log x + x(\log x)'$$
$$= \log x + x \cdot \frac{1}{x} = \log x + 1.$$

したがって

$$\frac{dy}{dx} = y(\log x + 1) = x^x(\log x + 1) \qquad \square$$

問 11

対数微分法を使って, 次の関数を微分せよ．

(1) $y = x^{x^2}$ $(x > 0)$ 　　　　(2) $y = \dfrac{(x-1)^2(x+2)^3}{(x+1)^4}$

3.4 逆関数の微分法

3.4.1 逆三角関数の導関数

公式

$$(1)\ (\sin^{-1} x)' = \frac{1}{\sqrt{1-x^2}}$$

$$(2)\ (\cos^{-1} x)' = -\frac{1}{\sqrt{1-x^2}}$$

$$(3)\ (\tan^{-1} x)' = \frac{1}{1+x^2}$$

[**解説**] (1) $y = \sin^{-1} x$ とおくと $x = \sin y$ なので, 逆関数の微分法より

$$\frac{dy}{dx} = \frac{1}{\frac{dx}{dy}} = \frac{1}{\frac{d}{dy}\sin y}$$

$$= \frac{1}{\cos y} = \frac{1}{\sqrt{1-\sin^2 y}} = \frac{1}{\sqrt{1-x^2}}\ ^{*4}.$$

(2) $y = \cos^{-1} x$ とおくと $x = \cos y$ なので,

$$\frac{dy}{dx} = \frac{1}{\frac{dx}{dy}} = \frac{1}{\frac{d}{dy}\cos y}$$

$$= \frac{1}{-\sin y} = -\frac{1}{\sqrt{1-\cos^2 y}} = -\frac{1}{\sqrt{1-x^2}}\ ^{*5}.$$

(3) $y = \tan^{-1} x$ とおくと, $x = \tan y$ なので,

$$\frac{dy}{dx} = \frac{1}{\frac{dx}{dy}} = \frac{1}{\frac{d}{dy}\tan y} = \frac{1}{\frac{1}{\cos^2 y}}$$

$$= \cos^2 y = \frac{1}{1+\tan^2 y} = \frac{1}{1+x^2}\ ^{*6}.$$ □

[*4] $y = \sin x\ \left(-\frac{\pi}{2} \leq x \leq \frac{\pi}{2}\right)$ の逆関数が $y = \sin^{-1} x$ であったから, $-\frac{\pi}{2} \leq y \leq \frac{\pi}{2}$ であり (2.3 節参照), $\cos y \geq 0$ なので, $\cos y = \sqrt{1-\sin^2 y}$.

[*5] 今度は $0 \leq y \leq \pi$ なので (2.3 節参照), $\sin y \geq 0$ である.

[*6] $(\tan y)' = \frac{1}{\cos^2 y}$ (例題 3.5 (4)), $1 + \tan^2 y = \frac{1}{\cos^2 y}$ (2.2.2 節) を思い出そう.

問 12

次の関数を微分せよ．

(1) $\sin^{-1} 3x$ (2) $\sin^{-1} ax$ （a：定数）
(3) $\cos^{-1} 3x$ (4) $\cos^{-1} ax$ （a：定数）
(5) $\tan^{-1} 3x$ (6) $\tan^{-1} ax$ （a：定数）
(7) $\sin^{-1} \dfrac{1}{x}$ (8) $\tan^{-1} \dfrac{1}{x}$
(9) $\dfrac{1}{\sin^{-1} x}$ (10) $\dfrac{1}{\tan^{-1} x}$

$\sin^{-1} x \neq \dfrac{1}{\sin x}$, $\tan^{-1} x \neq \dfrac{1}{\tan x}$ に注意!!

(11) $(\sin^{-1} x)^2$ (12) $(\tan^{-1} x)^2$

3.5 ロピタルの定理

$\displaystyle\lim_{x \to 0} \dfrac{1 - \cos x}{x^2}$ や $\displaystyle\lim_{x \to \infty} \dfrac{\log x}{x}$ のように

$$\lim_{x \to a} f(x) = \lim_{x \to a} g(x) = 0 \; \text{や} \; \lim_{x \to a} f(x) = \lim_{x \to a} g(x) = \infty$$

のときには，一般には極限

$$\lim_{x \to a} \dfrac{f(x)}{g(x)}$$

を即座に求めることはできない．このような極限を**不定形の極限**と呼ぶ．不定形の極限を求めるには次の定理が有用である．

定理 3.9 ロピタルの定理

不定形の極限

$$\lim_{x \to a} \dfrac{f(x)}{g(x)}$$

に対し，もし分子と分母をそれぞれ微分したものの極限が

$$\lim_{x \to a} \dfrac{f'(x)}{g'(x)} = A \quad (A：実数, \infty \text{ または } -\infty)$$

ならば，

3.5 ロピタルの定理

$$\lim_{x \to a} \frac{f(x)}{g(x)} = A$$

が成り立つ.

[**解説**] 簡単のため, a が実数で $\lim_{x \to a} f(x) = \lim_{x \to a} g(x) = 0$, すなわち,

$$f(a) = g(a) = 0 \tag{3.2}$$

かつ $g'(a) \neq 0$ の場合のみ解説する. (3.2) より,

$$\frac{f(x)}{g(x)} = \frac{f(x) - f(a)}{g(x) - g(a)} = \frac{\frac{f(x)-f(a)}{x-a}}{\frac{g(x)-g(a)}{x-a}}. \tag{3.3}$$

ここで, $x \to a$ とすれば, (3.3) の右辺の分子, 分母はそれぞれ $f'(a)$, $g'(a)$ に近づくので, (3.3) は

$$\lim_{x \to a} \frac{f'(x)}{g'(x)} = A$$

に近づくことが分かり, 定理を得る. □

例題 3.10

次の極限値を求めよ.

(1) $\lim_{x \to 0} \dfrac{1 - \cos x}{x^2}$ \qquad (2) $\lim_{x \to \infty} \dfrac{\log x}{x}$

(3) $\lim_{x \to \infty} x e^{-x}$ \qquad (4) $\lim_{x \to +0} x \log x$

(**解**)

(1) $\lim_{x \to 0} \dfrac{1 - \cos x}{x^2} = \lim_{x \to 0} \dfrac{(1 - \cos x)'}{(x^2)'}$
$= \lim_{x \to 0} \dfrac{\sin x}{2x} = \dfrac{1}{2} \lim_{x \to 0} \dfrac{\sin x}{x} = \dfrac{1}{2}.$

(2) $\lim_{x \to \infty} \dfrac{\log x}{x} = \lim_{x \to \infty} \dfrac{(\log x)'}{x'} = \lim_{x \to \infty} \dfrac{\frac{1}{x}}{1} = 0.$

(3) $\lim_{x \to \infty} x e^{-x} = \lim_{x \to \infty} \dfrac{x}{e^x} = \lim_{x \to \infty} \dfrac{1}{e^x} = 0.$

(4) $\displaystyle\lim_{x \to +0} x \log x = \lim_{x \to +0} \frac{\log x}{\frac{1}{x}} = \lim_{x \to +0} \frac{\frac{1}{x}}{-\frac{1}{x^2}} = \lim_{x \to +0} (-x) = 0.$ □

注意 3.11

(4) を使うと $\displaystyle\lim_{x \to +0} x^x = 1$ が分かる. 実際,

$$\log(\lim_{x \to +0} x^x) = \lim_{x \to +0} \log x^x = \lim_{x \to +0} x \log x = 0$$

から $\displaystyle\lim_{x \to +0} x^x = e^0 = 1$ が分かるのである. □

問 13

次の極限値を求めよ.

(1) $\displaystyle\lim_{x \to 0} \frac{e^x - e^{-x}}{\sin x}$
(2) $\displaystyle\lim_{x \to \infty} x^2 e^{-x}$
(3) $\displaystyle\lim_{x \to 0} \frac{\tan^{-1} x}{x}$
(4) $\displaystyle\lim_{x \to +0} \sqrt{x} \log x$

3.6 高次導関数

関数 $y = f(x)$ が微分可能のとき導関数 $f'(x)$ が存在するが, さらに $f'(x)$ が微分可能のとき, その導関数を $f''(x)$ とかく. こうして, $y = f(x)$ が n 回微分可能のとき, n 回微分したものを**第 n 次導関数**といい

$$f^{(n)}(x), \ y^{(n)}, \ \frac{d^n y}{dx^n}$$

等と表す.

例 3.12

(1) 多項式 $f(x) = a_0 + a_1 x + a_2 x^2 + a_3 x^3 + a_4 x^4 + \cdots + a_n x^n$ ($a_0, \ldots, a_n$ は定数) について,

$$f'(x) = a_1 + 2a_2 x + 3a_3 x^2 + 4a_4 x^3 + \cdots + n a_n x^{n-1},$$
$$f''(x) = 2a_2 + 3 \cdot 2a_3 x + 4 \cdot 3a_4 x^2 + \cdots + n(n-1) a_n x^{n-2},$$

$$f'''(x) = 3\cdot 2a_3 + 4\cdot 3\cdot 2a_4 x + \cdots + n(n-1)(n-2)a_n x^{n-3},$$

$$\cdots\cdots$$

$$f^{(n)}(x) = n(n-1)(n-2)\cdots 2\cdot a_n = n!\, a_n$$

であり,

$$f^{(n+1)}(x) = 0,\ f^{(n+2)}(x) = 0, \ldots$$

が分かる.

(2) $f(x) = e^x$ について,

$$f'(x) = e^x,\ f''(x) = e^x, \ldots,\ f^{(n)}(x) = e^x, \ldots$$

が分かる.

(3) $f(x) = \sin x$ について, 図 3.2 を使って 4 次までの導関数を $\sin$ で表すと,

$$f'(x) = \cos x = \sin\left(x + \frac{\pi}{2}\right),$$
$$f''(x) = -\sin x = \sin(x + \pi),$$
$$f'''(x) = -\cos x = \sin\left(x + \frac{3}{2}\pi\right),$$
$$f^{(4)}(x) = \sin x = \sin(x + 2\pi).$$

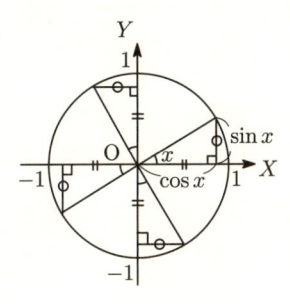

以下, 微分するごとに角度が $\frac{\pi}{2}$ ずつ増えていくので,

図 3.2

$$f^{(n)}(x) = \sin\left(x + \frac{n}{2}\pi\right) \quad (n = 1, 2, \ldots)$$

が成り立つ.

(4) $f(x) = \cos x$ についても (3) と同様に

$$f'(x) = -\sin x = \cos\left(x + \frac{\pi}{2}\right),$$
$$f''(x) = -\cos x = \cos(x + \pi),$$
$$f'''(x) = \sin x = \cos\left(x + \frac{3}{2}\pi\right),$$
$$f^{(4)}(x) = \cos x = \cos(x + 2\pi)$$

なので
$$f^{(n)}(x) = \cos\left(x + \frac{n}{2}\pi\right) \quad (n = 1, 2, \ldots)$$
が成り立つ. □

問 14

次の関数 $f(x)$ の第 n 次導関数 $f^{(n)}(x)$ を求めよ.
(1) $f(x) = x^k \quad (k \geq n)$ (2) $f(x) = e^{ax} \quad (a:定数)$
(3) $f(x) = \sin ax \quad (a:定数)$

3.7 テイラー展開

e^x, $\sin x$ 等の関数は, 多項式 $a_0 + a_1 x + \cdots + a_n x^n$ に比べて扱うのが難しい. 例えば, $x = 1$ での値を計算することすら容易ではない. そこで, これらの関数に "近い" 多項式を見つけてみよう (すると, 例えば $x = 1$ での値の近似値が分かる!).

例 3.13

関数 $f(x) = e^x$ について,
$$f(x) = a_0 + a_1 x + a_2 x^2 + a_3 x^3 + a_4 x^4 + \cdots + a_n x^n + \cdots \qquad (3.4)$$
$$(a_0, \ldots, a_n, \ldots : 定数)$$

と (無限に続く) 多項式でかけると仮定しよう. すると, まず, (3.4) に $x = 0$ を代入することにより,
$$a_0 = f(0) = e^0 = 1$$
が分かる. 次に, (3.4) の両辺を x で微分して
$$f'(x) = a_1 + 2a_2 x + 3a_3 x^2 + 4a_4 x^3 + \cdots + n a_n x^{n-1} + \cdots. \qquad (3.5)$$
(3.5) に $x = 0$ を代入すると,

3.7 テイラー展開

$$a_1 = f'(0) = e^0 = 1 \left(= \frac{1}{1!}\right)$$

が分かる．さらに，(3.5) の両辺を x で微分して

$$f''(x) = 2a_2 + 3\cdot 2a_3 x + 4\cdot 3a_4 x^2 + \cdots + n(n-1)a_n x^{n-2} + \cdots. \quad (3.6)$$

(3.6) に $x=0$ を代入すると，

$$2a_2 = f''(0) = e^0 = 1 \quad \text{より} \quad a_2 = \frac{1}{2}\left(=\frac{1}{2!}\right)$$

が分かる．さらに (3.6) の両辺を x で微分して

$$f'''(x) = 3\cdot 2a_3 + 4\cdot 3\cdot 2a_4 x + \cdots + n(n-1)(n-2)x^{n-3} + \cdots. \quad (3.7)$$

(3.7) に $x=0$ を代入すると，

$$3\cdot 2a_3 = f'''(0) = e^0 = 1 \quad \text{より} \quad a_3 = \frac{1}{3\cdot 2}\left(=\frac{1}{3!}\right)$$

が分かる．この操作を続けると，

$$a_4 = \frac{1}{4!}, \ a_5 = \frac{1}{5!}, \ldots, a_n = \frac{1}{n!}, \ldots$$

(例 3.12 (1) 参照)，したがって

$$e^x = 1 + \frac{1}{1!}x + \frac{1}{2!}x^2 + \frac{1}{3!}x^3 + \cdots + \frac{1}{n!}x^n + \cdots \quad (3.8)$$

が分かる．

最初に，(3.4) で $e^x = a_0 + a_1 x + a_2 x^2 + \cdots + a_n x^n + \cdots$ とかけると仮定して (3.8) が導かれたのであるが，実はこの仮定は正しく，したがって (3.8) も正しい！
□

一般に，
$$f(x) = a_0 + a_1 x + a_2 x^2 + \cdots + a_n x^n + \cdots$$

とかけると仮定すると，上の例と全く同様に

$$a_0 = f(0), \ a_1 = \frac{f'(0)}{1}, \ a_2 = \frac{f''(0)}{2!}, \ldots, a_n = \frac{f^{(n)}(0)}{n!}, \ldots$$

が分かり，したがって

$$f(x) = f(0) + \frac{f'(0)}{1!}x + \frac{f''(0)}{2!}x^2 + \cdots + \frac{f^{(n)}(0)}{n!}x^n + \cdots$$

が成り立つ．これを $f(x)$ の**マクローリン展開**という．

同様に，

$$f(x) = a_0 + a_1(x-a) + a_2(x-a)^2 + \cdots + a_n(x-a)^n + \cdots$$

<u>とかけると仮定</u>すると，

$$a_0 = f(a),\ a_1 = \frac{f'(a)}{1!},\ a_2 = \frac{f''(a)}{2!}, \ldots, a_n = \frac{f^{(n)}(a)}{n!}, \ldots,$$

すなわち，

$$\begin{aligned}f(x) = f(a) &+ \frac{f'(a)}{1!}(x-a) + \frac{f''(a)}{2!}(x-a)^2 \\ &+ \cdots + \frac{f^{(n)}(a)}{n!}(x-a)^n + \cdots\end{aligned}$$

が成り立つ．これを $f(x)$ の $x=a$ における**テイラー展開**という．マクローリン展開について，下線の仮定は，$f(x)$ が e^x, $\sin x$, $\cos x$ のときは，すべての実数 x について正しく，$\log(1+x)$ のときは $-1 < x \leq 1$ について成り立つことが知られている．

公式 (マクローリン展開)

(1) $e^x = 1 + \dfrac{1}{1!}x + \dfrac{1}{2!}x^2 + \dfrac{1}{3!}x^3 + \cdots + \dfrac{1}{n!}x^n + \cdots$

(2) $\sin x = x - \dfrac{1}{3!}x^3 + \dfrac{1}{5!}x^5 - \cdots + \dfrac{(-1)^k}{(2k+1)!}x^{2k+1} + \cdots$

(3) $\cos x = 1 - \dfrac{1}{2!}x^2 + \dfrac{1}{4!}x^4 - \cdots + \dfrac{(-1)^k}{(2k)!}x^{2k} + \cdots$

(4) $\log(1+x) = x - \dfrac{1}{2}x^2 + \dfrac{1}{3}x^3 - \cdots + \dfrac{(-1)^{n-1}}{n}x^n + \cdots \quad (-1 < x \leq 1)$

[**解説**] (1) これはすでに例 3.13 でみた．ちなみに，e^x をこのマクローリン展開の 5 次までの項で近似すると，

3.7 テイラー展開

$$e^x \fallingdotseq 1 + \frac{1}{1!}x + \frac{1}{2!}x^2 + \frac{1}{3!}x^3 + \frac{1}{4!}x^4 + \frac{1}{5!}x^5$$
$$= 1 + x + \frac{1}{2}x^2 + \frac{1}{6}x^3 + \frac{1}{24}x^4 + \frac{1}{120}x^5.$$

ここで $x = 1$ を代入すると,

$$e = e^1 \fallingdotseq 1 + 1 + \frac{1}{2} + \frac{1}{6} + \frac{1}{24} + \frac{1}{120}$$
$$= \frac{326}{120} = \frac{163}{60} = 2.7166\cdots.$$

実際 $e = 2.71828\cdots$ なので, この近似は小数第 2 位まで正しい.

(2) $f(x) = \sin x$ とする. 例 3.12 (3) でみたように,

$$f^{(n)}(x) = \sin\left(x + \frac{n}{2}\pi\right)$$

なので,

$$f'(0) = \sin\frac{\pi}{2} = 1,\ f''(0) = \sin\pi = 0,\ f'''(0) = \sin\frac{3}{2}\pi = -1,$$
$$f^{(4)}(0) = \sin 2\pi = 0, \ldots$$

であり,

$$\sin k\pi = 0,\ \sin\left(k\pi + \frac{\pi}{2}\right) = (-1)^k \qquad (k:\text{自然数})$$

に注意すると,

$$f^{(n)}(0) = \sin\frac{n}{2}\pi = \begin{cases} 0 & (n:\text{偶数}\,(= 2k)\,\text{のとき}) \\ (-1)^k & (n:\text{奇数}\,(= 2k+1)\,\text{のとき}) \end{cases}$$

が分かる. したがって (2) が成り立つことが分かる.

(3) $f(x) = \cos x$ とする. 例 3.12 (4) より

$$f^{(n)}(x) = \cos\left(x + \frac{n}{2}\pi\right)$$

なので, (2) と同様に

$$f^{(n)}(0) = \cos\frac{n}{2}\pi = \begin{cases} (-1)^k & (n : \text{偶数} (= 2k) \text{ のとき}) \\ 0 & (n : \text{奇数} (= 2k+1) \text{ のとき}) \end{cases}$$

が分かる．したがって (3) が成り立つことが分かる．

(4) $f(x) = \log(1+x)$ とする．

$$f'(x) = \frac{1}{1+x}, \quad f''(x) = -\frac{1}{(1+x)^2},$$

$$f'''(x) = -\frac{-2(1+x)}{(1+x)^4} = \frac{2}{(1+x)^3},$$

$$f^{(4)}(x) = \frac{-2 \cdot 3(1+x)^2}{(1+x)^6} = -\frac{3!}{(1+x)^4}$$

より，一般に，

$$f^{(n)}(x) = \frac{(-1)^{n-1}(n-1)!}{(1+x)^n} \quad (n = 1, 2, \dots)$$

が分かる．よって

$$\frac{f^{(n)}(0)}{n!} = \frac{(-1)^{n-1}(n-1)!}{n!} = \frac{(-1)^{n-1}}{n}$$

であるから，(4) が成り立つ． □

例題 3.14

次の関数のマクローリン展開を求めよ．

(1) $x\cos x$ \qquad (2) $\dfrac{e^x + e^{-x}}{2}$

(**解**) (1) $\cos x$ のマクローリン展開の公式に x をかければよい：

$$x\cos x = x - \frac{1}{2!}x^3 + \frac{1}{4!}x^5 - \cdots + \frac{(-1)^k}{(2k)!}x^{2k+1} + \cdots.$$

(2) $(e^{-x})' = -e^{-x}, (e^{-x})'' = e^{-x}, \dots, (e^{-x})^{(n)} = (-1)^n e^{-x}, \dots$ なので，

$$e^{-x} = 1 - \frac{1}{1!}x + \frac{1}{2!}x^2 - \frac{1}{3!}x^3 + \cdots + \frac{(-1)^n}{n!}x^n + \cdots.$$

3.7 テイラー展開

これと e^x のマクローリン展開を加えて 2 で割ると，

$$\frac{e^x+e^{-x}}{2} = \frac{1}{2}\left\{\left(1+\frac{1}{1!}x+\frac{1}{2!}x^2+\frac{1}{3!}x^3+\cdots+\frac{1}{n!}x^n+\cdots\right)\right.$$
$$\left.+\left(1-\frac{1}{1!}x+\frac{1}{2!}x^2-\frac{1}{3!}x^3+\cdots+\frac{(-1)^n}{n!}x^n+\cdots\right)\right\}$$
$$=1+\frac{1}{2!}x^2+\frac{1}{4!}x^4+\cdots+\frac{1}{(2k)!}x^{2k}+\cdots. \qquad \square$$

問 15

p.42 の公式 (マクローリン展開) を利用して，次の関数のマクローリン展開を求めよ．

(1) $x^2 e^x$ (2) $\dfrac{e^x - e^{-x}}{2}$

(3) e^{ax} (a：定数)   (4) $\sin ax$ (a：定数)

問 16

(1) $f(x) = \dfrac{1}{1+x}$ のマクローリン展開が

$$\frac{1}{1+x} = 1 - x + x^2 - \cdots + (-1)^n x^n + \cdots$$

となることを示せ．

(2) (1) を利用して，$g(x) = \dfrac{1}{1+x^2}$ のマクローリン展開が

$$\frac{1}{1+x^2} = 1 - x^2 + x^4 - \cdots + (-1)^n x^{2n} + \cdots$$

となることを示せ．

注意 3.15

問 16 の 2 つのマクローリン展開は，等比数列の和の公式

$$S_n = \frac{a(1-r^n)}{1-r} \quad (初項\ a,\ 公比\ r \neq 1)$$

からも得られる．例えば，(1) の右辺は，初項 1，公比 $-x$ の等比数列の (無限) 和で，第 n 項までの和 S_n は

$$S_n = \frac{1 \cdot (1 - (-x)^n)}{1 - (-x)} = \frac{1 - (-x)^n}{1 + x}$$

で与えられる. 今, $|x| < 1$ より $(-x)^n \to 0$ $(n \to \infty)$ なので,

$$1 - x + x^2 - \cdots + (-1)^n x^n + \cdots = \lim_{n \to \infty} S_n = \frac{1}{1+x}$$

が分かる.

注意 3.16

$$(\log(1+x))' = \frac{1}{1+x} \quad (x > -1)$$

に注意すると, 問 16 (1) の両辺を "積分"(第 4 章参照) することにより, $\log(1+x)$ ($|x| < 1$) のマクローリン展開が公式 (4) のようになることを示すことができる. 同様に,

$$(\tan^{-1} x)' = \frac{1}{1+x^2}$$

に注意すると, 問 16 (2) の両辺を積分することにより, $\tan^{-1} x$ ($|x| < 1$) のマクローリン展開

$$\tan^{-1} x = x - \frac{1}{3}x^3 + \frac{1}{5}x^5 - \cdots + \frac{(-1)^n}{2n+1}x^{2n+1} + \cdots$$

が得られる (第 4 章 章末問題 [5] 参照).

参考 3.17

p.42 の公式 (マクローリン展開) (1) を少し変えて

$$f(\theta) = e^{i\theta} \quad (i : 虚数単位)$$

とし, i を定数と思って θ で微分すると,

$$f'(\theta) = ie^{i\theta}, \ f''(\theta) = i \cdot ie^{i\theta} = -e^{i\theta}, \ f'''(\theta) = -ie^{i\theta},$$
$$f^{(4)}(\theta) = -i \cdot ie^{i\theta} = e^{i\theta}, \ f^{(5)}(\theta) = ie^{i\theta}, \ldots$$

より

$$f'(0) = i, \ f''(0) = -1, \ f'''(0) = -i, \ f^{(4)}(0) = 1, \ f^{(5)}(0) = i, \ldots$$

なので, $f(\theta) = e^{i\theta}$ のマクローリン展開は,

$$\begin{aligned} e^{i\theta} &= f(0) + \frac{f'(0)}{1!}\theta + \frac{f''(0)}{2!}\theta^2 + \frac{f'''(0)}{3!}\theta^3 + \frac{f^{(4)}(0)}{4!}\theta^4 + \frac{f^{(5)}(0)}{5!}\theta^5 + \cdots \\ &= 1 + i\theta - \frac{1}{2!}\theta^2 - \frac{i}{3!}\theta^3 + \frac{1}{4!}\theta^4 + \frac{i}{5!}\theta^5 - \cdots \\ &= \left(1 - \frac{1}{2!}\theta^2 + \frac{1}{4!}\theta^4 - \cdots\right) \\ &\quad + i\left(\theta - \frac{1}{3!}\theta^3 + \frac{1}{5!}\theta^5 - \cdots\right). \end{aligned}$$

公式 (2), (3) と比較すると, **オイラーの公式**

$$\boxed{e^{i\theta} = \cos\theta + i\sin\theta}$$

が成り立つことが分かる[*7]. □

問 17

オイラーの公式を使って, $\cos\theta$, $\sin\theta$ を $e^{i\theta}$ と $e^{-i\theta}$ でそれぞれ表せ.

例題 3.18

(1) マクローリン展開を使って, 関数 $f(x) = e^x \sin x$ を 5 次式で近似せよ.
(2) (1) を利用して, $e\sin 1$ の近似値を求めよ.

(**解**) (1) $f'(x) = (e^x)'\sin x + e^x(\sin x)'$
$= e^x \sin x + e^x \cos x = e^x(\sin x + \cos x),$

[*7] 一般に, 複素数 $z = x + iy$ (x, y は実数) に対し, e^z を

$$e^z = e^x(\cos y + i\sin y)$$

で定義する.

$$f''(x) = (e^x)'(\sin x + \cos x) + e^x(\sin x + \cos x)'$$
$$= e^x(\sin x + \cos x) + e^x(\cos x - \sin x) = 2e^x \cos x,$$
$$f'''(x) = 2\left\{(e^x)' \cos x + e^x (\cos x)'\right\}$$
$$= 2(e^x \cos x - e^x \sin x) = 2e^x(\cos x - \sin x),$$
$$f^{(4)}(x) = 2\left\{(e^x)'(\cos x - \sin x) + e^x(\cos x - \sin x)'\right\}$$
$$= 2\left\{e^x(\cos x - \sin x) + e^x(-\sin x - \cos x)\right\}$$
$$= -4e^x \sin x,$$
$$f^{(5)}(x) = -4(e^x \sin x)' = -4f'(x) = -4e^x(\sin x + \cos x)$$

より,

$$f(0) = e^0 \sin 0 = 0,$$
$$f'(0) = e^0(\sin 0 + \cos 0) = 1,$$
$$f''(0) = 2e^0 \cos 0 = 2,$$
$$f'''(0) = 2e^0(\cos 0 - \sin 0) = 2,$$
$$f^{(4)}(0) = -4e^0 \sin 0 = 0,$$
$$f^{(5)}(0) = -4e^0(\sin 0 + \cos 0) = -4.$$

よって, マクローリン展開を使って $f(x)$ を5次式で近似すると,

$$f(x) \fallingdotseq f(0) + \frac{f'(0)}{1!}x + \frac{f''(0)}{2!}x^2 + \frac{f'''(0)}{3!}x^3 + \frac{f^{(4)}(0)}{4!}x^4 + \frac{f^{(5)}(0)}{5!}x^5$$
$$= 0 + x + \frac{2}{2}x^2 + \frac{2}{3 \cdot 2}x^3 + 0x^4 + \frac{-4}{5 \cdot 4 \cdot 3 \cdot 2}x^5$$
$$= x + x^2 + \frac{1}{3}x^3 - \frac{1}{30}x^5.$$

(2) $e \sin 1 = f(1)$ なので, (1) の $f(x)$ の近似式に $x = 1$ を代入すると,

$$e \sin 1 = f(1) \fallingdotseq 1 + 1 + \frac{1}{3} - \frac{1}{30} = \frac{60 + 10 - 1}{30} = 2.3. \quad \square$$

問 18
マクローリン展開を使って, $f(x) = e^x \cos x$ を 5 次式で近似することにより, $e \cos 1$ の近似値を求めよ (小数第 4 位を四捨五入して, 小数第 3 位まで求めよ).

3.8 関数の増減とグラフ

ここでは関数のグラフの概形を描くことを目標としよう.

まず, 極大や極小とは, 図 3.3 のようなものである. つまり,

$f(x)$ が $x = c$ で**極大** (あるいは**極小**)
$\underset{\text{定義}}{\Longleftrightarrow}$
c の十分近くのすべての $x(\neq c)$ に対し,
$f(c) > f(x)$ (あるいは $f(c) < f(x)$)

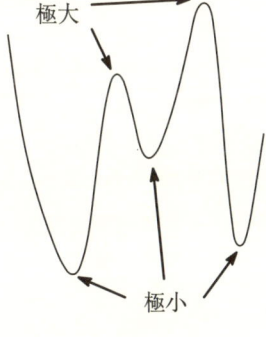

図 3.3

極大 (あるいは極小) のときの $f(x)$ の値を**極大値** (あるいは**極小値**) といい, 合わせて**極値**という.

微分の言葉で言い直すと (図 3.4 参照),

$f(x)$ が $x = c$ で極値をとる
$\Longleftrightarrow$
$x = c$ を境に $f'(x)$ の正負が変わる

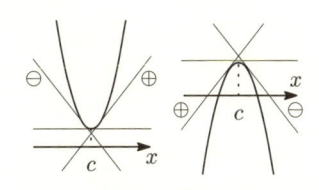

図 3.4

したがって特に,

$f(x)$ が $x = c$ で極値をとる $\Longrightarrow f'(c) = 0$

である.

次に、グラフの"曲がり方"に注目しよう。上に凸、下に凸を図 3.5 のようなものとするとき、その変わり目の点のことを**変曲点**という。つまり、

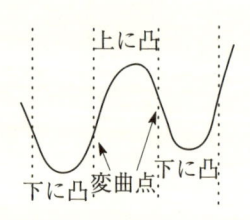

> 点 $(c, f(c))$ が変曲点
> 定義 $\iff$
> $a \leq x \leq c$ で下に凸かつ $c \leq x \leq b$ で上に凸
> または
> $a \leq x \leq c$ で上に凸かつ $c \leq x \leq b$ で下に凸

図 3.5

図 3.6 (あるいは図 3.7) のような状況では、c での接線の傾き $f'(c)$ は、c の十分近くの点での接線の中で最大 (あるいは最小) となっており、図 3.6 のとき、$f'(x)$ は

$\quad a \leq x \leq c$ で増加 $(\implies f''(x) > 0)$
$\quad c \leq x \leq b$ で減少 $(\implies f''(x) < 0)$

図 3.7 のとき、$f'(x)$ は

$\quad a \leq x \leq c$ で減少 $(\implies f''(x) < 0)$
$\quad c \leq x \leq b$ で増加 $(\implies f''(x) > 0)$

である。特に、

> $(c, f(c))$: 変曲点 $\implies f''(c) = 0$

であり、

> $f(x)$: 上に凸 $\iff f''(x) < 0$,
> $f(x)$: 下に凸 $\iff f''(x) > 0$

が成り立つ。

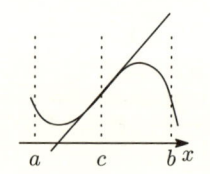

図 3.6

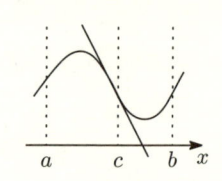

図 3.7

例 3.19

関数 $y = x^3 - x$ のグラフの概形を描いてみよう。

$$y' = 3x^2 - 1 = 3\left(x^2 - \frac{1}{3}\right) = 3\left(x + \frac{1}{\sqrt{3}}\right)\left(x - \frac{1}{\sqrt{3}}\right),$$
$$y'' = 6x$$

3.8 関数の増減とグラフ

より,
$$y' = 0 \iff \left(x + \frac{1}{\sqrt{3}}\right)\left(x - \frac{1}{\sqrt{3}}\right) = 0$$
$$\iff x = \pm\frac{1}{\sqrt{3}},$$
$$y'' = 0 \iff x = 0.$$

よって, $x = \pm\dfrac{1}{\sqrt{3}}$ で極値をとる可能性があり, $x = 0$ で変曲点となる可能性がある. そこで, これらの x の値の前後で y' や y'' の正負を調べれば, グラフの概形が分かる. 表にすると表 3.1 のようになる (これを**増減表**と呼ぶ)[*8].

表 3.1

x	$-\infty$		$-\dfrac{1}{\sqrt{3}}$		0		$\dfrac{1}{\sqrt{3}}$		∞
y'		$+$	0	$-$	$-$	$-$	0	$+$	
y''		$-$	$-$	$-$	0	$+$	$+$	$+$	
y	$-\infty$	↗	$\dfrac{2}{3\sqrt{3}}$ (極大)	↘	0 (変曲点)	↘	$-\dfrac{2}{3\sqrt{3}}$ (極小)	↗	∞

ここで,
$$\lim_{x\to-\infty} y = \lim_{x\to-\infty} x(x^2 - 1) = -\infty,$$
$$\lim_{x\to\infty} y = \lim_{x\to\infty} x(x^2 - 1) = \infty$$

であり, $y = f(x)$ とおくと,
$$f\left(-\frac{1}{\sqrt{3}}\right) = -\frac{1}{3\sqrt{3}} + \frac{1}{\sqrt{3}} = \frac{2}{3\sqrt{3}}, \quad f(0) = 0,$$
$$f\left(\frac{1}{\sqrt{3}}\right) = \frac{1}{3\sqrt{3}} - \frac{1}{\sqrt{3}} = -\frac{2}{3\sqrt{3}}$$

である. 以上より, グラフは次のようになる (図 3.8).

[*8] 表の矢印について, 例えば $-\dfrac{1}{\sqrt{3}} < x < 0$ において関数は, $y' < 0$ より減少で, $y'' < 0$ より上に凸なので, ↘ という記号を使った. 他も同様.

$y = x^3 - x$ のグラフ

図 3.8

例題 3.20

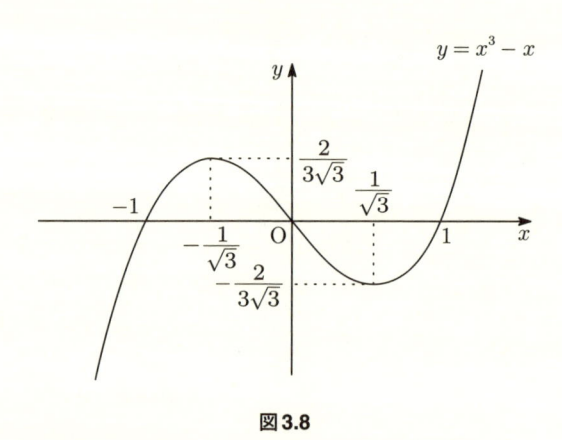

次の関数の増減を調べ，グラフの概形を描け．

(1) $y = \dfrac{x}{x^2+1}$ 　　　　　 (2) $y = x^2 e^{-x}$

(**解**)　(1)　$y' = \dfrac{x^2+1 - x \cdot 2x}{(x^2+1)^2}$

$\qquad\qquad = \dfrac{-x^2+1}{(x^2+1)^2} = -\dfrac{(x+1)(x-1)}{(x^2+1)^2},$

$\qquad y'' = \dfrac{-2x(x^2+1)^2 - (-x^2+1) \cdot 2(x^2+1) \cdot 2x}{(x^2+1)^4}$

$\qquad\qquad = \dfrac{2x(x^2-3)}{(x^2+1)^3} = \dfrac{2x(x+\sqrt{3})(x-\sqrt{3})}{(x^2+1)^3}$

より，

$$y' = 0 \iff x = \pm 1,$$
$$y'' = 0 \iff x = 0, \pm\sqrt{3}.$$

また，

$$\lim_{x \to -\infty} \dfrac{x}{x^2+1} = \lim_{x \to -\infty} \dfrac{1}{x + \frac{1}{x}} = 0,$$

3.8 関数の増減とグラフ

$$\lim_{x \to \infty} \frac{x}{x^2+1} = \lim_{x \to \infty} \frac{1}{x + \frac{1}{x}} = 0$$

なので,増減表は表 3.2 のようになる.

表 3.2

x	$-\infty$		$-\sqrt{3}$		-1		0		1		$\sqrt{3}$		∞
y'		$-$	$-$	$-$	0	$+$	$+$	$+$	0	$-$	$-$	$-$	
y''		$-$	0	$+$	$+$	$+$	0	$-$	$-$	$-$	0	$+$	
y	0	↘	$-\dfrac{\sqrt{3}}{4}$	↘	$-\dfrac{1}{2}$	↗	0	↗	$\dfrac{1}{2}$	↘	$\dfrac{\sqrt{3}}{4}$	↘	0

したがって,グラフは次のようになる (図 3.9).

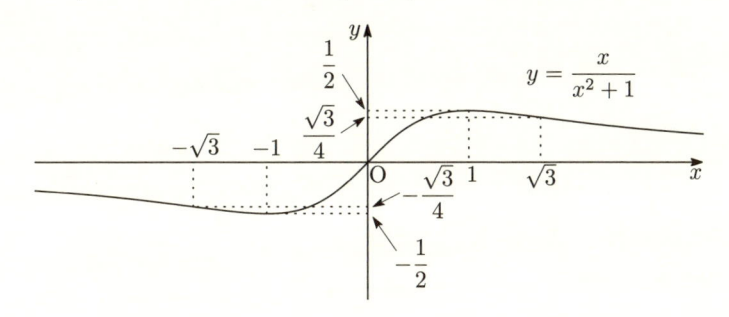

図 3.9

(2) $y' = 2xe^{-x} + x^2(-e^{-x})$

$\qquad = -(x^2 - 2x)e^{-x} = -x(x-2)e^{-x},$

$y'' = -\{(2x-2)e^{-x} + (x^2 - 2x)(-e^{-x})\}$

$\qquad = (x^2 - 4x + 2)e^{-x} = \{x - (2+\sqrt{2})\}\{x - (2-\sqrt{2})\}e^{-x}$

より,

$$y' = 0 \iff x = 0, 2,$$
$$y'' = 0 \iff x = 2 \pm \sqrt{2}.$$

また, $x \to -\infty$ のとき $x^2 \to \infty$ かつ $e^{-x} \to \infty$ であるから $\lim_{x \to -\infty}(x^2 e^{-x}) = \infty$ であり, ロピタルの定理より,

$$\lim_{x \to \infty}(x^2 e^{-x}) = \lim_{x \to \infty}\frac{x^2}{e^x} = \lim_{x \to \infty}\frac{2x}{e^x} = \lim_{x \to \infty}\frac{2}{e^x} = 0.$$

よって増減表は表 3.3 のようになる.

表 3.3

x	$-\infty$		0		$2-\sqrt{2}$		2		$2+\sqrt{2}$		∞
y'		$-$	0	$+$	$+$	$+$	0	$-$	$-$	$-$	
y''		$+$	$+$	$+$	0	$-$	$-$	$-$	0	$+$	
y	∞	↘	0	↗	α	↗	$4e^{-2}$	↘	β	↘	0

ここで, $\alpha = 2(3 - 2\sqrt{2})e^{-(2-\sqrt{2})}$, $\beta = 2(3 + 2\sqrt{2})e^{-(2+\sqrt{2})}$ である. したがって, グラフは次のようになる (図 3.10).

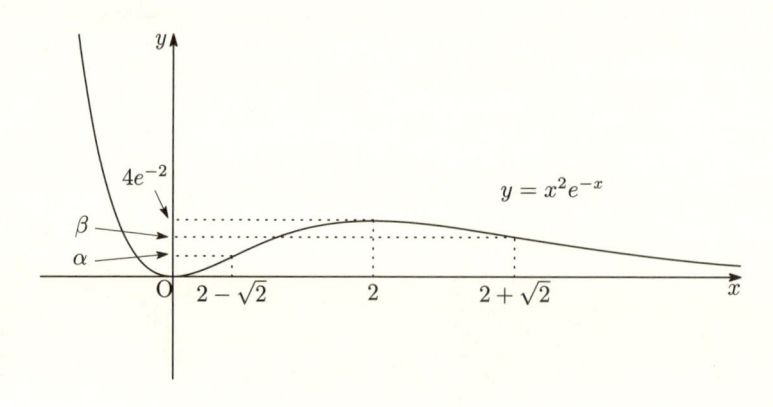

図 3.10

問 19

次の関数の増減を調べ, グラフの概形を描け.

(1) $y = x^3 - x - 1$ (2) $y = x\sqrt{x^2 + 1}$
(3) $y = e^{-x^2}$ (4) $y = xe^{-x}$

(5) $y = xe^{-x^2}$ 　　　　　(6) $y = \dfrac{\log x}{x}$

第3章 章末問題

[**1**] $f(x) = x^\alpha e^{-\beta x}$ $(\alpha > 0, \beta > 0, x \geq 0)$ の増減を調べ, 最大値を求めよ. また, これを利用して $\lim_{x \to \infty} x^\alpha e^{-x} = 0$ であることを示せ.

[**2**] 関数 $f(x)$ を以下のように定める.

$$f(x) = \tan^{-1} x + \tan^{-1} \frac{1}{x} \quad (x \neq 0)$$

(1) $f'(x)$ を求めよ.
(2)
$$f(x) = \begin{cases} \dfrac{\pi}{2} & (x > 0) \\ -\dfrac{\pi}{2} & (x < 0) \end{cases}$$

であることを示せ.

[**3**] (1) $xe^{-x^2/2}$ のマクローリン展開を求めよ.
(2) $\dfrac{1}{2}\log\left(\dfrac{1+x}{1-x}\right)$ $(|x| < 1)$ のマクローリン展開を求め, x の値をうまくとることにより, $\log 2, \log 5$ の近似値を求めよ.

[**4**] 1年間の金利が r (%) であるような預金を考える. $\log(1+x)$ のマクローリン展開を利用して, r があまり大きくないとき, 元金が2倍になるには, およそ $70/r$ 年かかることを示せ. これを,「70の法則」という.

[**5**] (発展) n が自然数であるとき, $(1+x)^n$ をマクローリン展開せよ. これを用いて, 二項定理

$$(a+b)^n = \sum_{r=0}^{n} \frac{n!}{r!(n-r)!} a^{n-r} b^r$$

を導け.

[**6**] （発展）$f(x) = \tan^{-1} x$ について以下の問に答えよ[*9].
(1) $f^{(n)}(x) = \dfrac{P_n(x)}{(1+x^2)^n}$ $(n \geq 1)$ となるように，$P_n(x)$ を定めるとき，$P_1(x)$, $P_2(x)$ を求めよ．
(2) $P_{n+1}(x) = (1+x^2)P_n'(x) - 2nxP_n(x)$ が成り立つことを示せ．
(3) (2) を利用して，$f(x)$ のマクローリン展開を 5 次の項まで求めよ．

[**7**] （発展）$f(x) = e^x \sin x$ のマクローリン展開を以下の手順で求めよ．
(1) オイラーの公式を用いて，$f(x) = \dfrac{e^{(1+i)x} - e^{(1-i)x}}{2i}$ を示せ．
(2) (1) を利用して，$f^{(n)}(x)$ を求めよ．
(3) (2) を利用して $f(x)$ のマクローリン展開を求めよ．

[*9] $\tan^{-1} x$ のマクローリン展開については，第 4 章 章末問題 [6] (1) も参照せよ．

第4章 積 分

4.1 積分とは？

曲線 $y = f(x)$ と x 軸との間の部分の面積 $S(x)$ はどのようにして求められるであろうか？

図 4.1 のように $y = f(x)$ の

"c から x まで"

(c は実数，x は動く！)

の部分と x 軸との間の部分の面積を $S(x)$ とするとき，

$$\boxed{f(x) \text{ と } S(x) \text{ の関係}}$$

を調べよう．

x が少し動いて $x + \Delta x$ となったとき，面積の増加量 $\Delta S(x) (= S(x + \Delta x) - S(x))$ は，底辺 Δx, 高さ $f(x)$ の長方形の面積に近いので，

$$\Delta S(x) \fallingdotseq f(x) \cdot \Delta x.$$

よって，

$$f(x) \fallingdotseq \frac{\Delta S(x)}{\Delta x} = \frac{S(x + \Delta x) - S(x)}{\Delta x}.$$

ここで $\Delta x \to 0$ とすれば，

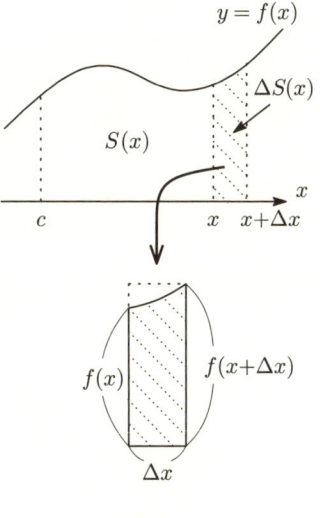

$$\boxed{f(x) = S'(x)}$$

図 4.1

が分かる．したがって，$S(x)$ を求めるためには

$$\text{``微分して } f(x) \text{ になる関数''}$$

を求めればよい．この操作が (不定) 積分である!!

4.2 不定積分

> **定義**
>
> 関数 $f(x)$ に対し，
>
> $$F'(x) = f(x)$$
>
> となる関数 $F(x)$ を $f(x)$ の**不定積分**といい，
>
> $$\boxed{F(x) = \int f(x)\,dx}$$
>
> と表す．

注意 4.1

$F(x)$ を $f(x)$ の不定積分とするとき，

$$(F(x) + C)' = F'(x) = f(x) \quad (C：定数)$$

であるから，$F(x) + C$ も $f(x)$ の不定積分であるが，実は $f(x)$ の不定積分はこのようなものしかないことが知られている：

> $F(x)：f(x)$ の不定積分
> $\Longrightarrow$
> $f(x)$ の不定積分は
> $\quad F(x) + C \quad (C：定数)$
> の形

したがって

4.2 不定積分

$$\int f(x)\,dx = F(x) + C$$

とかける. この C を**積分定数**という.

不定積分は微分の逆の操作であることから,

$$\int \{f(x) \pm g(x)\}\,dx = \int f(x)\,dx \pm \int g(x)\,dx$$

$$\int kf(x)\,dx = k\int f(x)\,dx \quad (k:\text{定数})$$

が成り立つことが分かる. 次の公式も, 右辺を微分することにより容易に確かめられるであろう.

公式

(1) $\displaystyle\int x^\alpha\,dx = \frac{1}{\alpha+1}x^{\alpha+1} + C \quad (\alpha \neq -1)$

(2) $\displaystyle\int \frac{1}{x}\,dx = \log|x| + C$

(3) $\displaystyle\int e^x\,dx = e^x + C$

(4) $\displaystyle\int \sin x\,dx = -\cos x + C$

(5) $\displaystyle\int \cos x\,dx = \sin x + C$

(6) $\displaystyle\int \frac{1}{\cos^2 x}\,dx = \tan x + C$

例題 4.2

次の不定積分を求めよ.

(1) $\displaystyle\int (x^3 - 2x + 1)\,dx$ (2) $\displaystyle\int \sqrt[3]{x}\,dx$ (3) $\displaystyle\int \left(\frac{1}{x} + \sin x\right) dx$

(**解**)

(1) $\displaystyle\int (x^3 - 2x + 1)\,dx = \frac{1}{4}x^4 - 2\cdot\frac{1}{2}x^2 + x + C = \frac{1}{4}x^4 - x^2 + x + C.$

(2) $\displaystyle\int \sqrt[3]{x}\,dx = \int x^{\frac{1}{3}}\,dx = \frac{1}{1+\frac{1}{3}}x^{\frac{1}{3}+1} + C = \frac{3}{4}x^{\frac{4}{3}} + C.$

(3) $\displaystyle\int \left(\frac{1}{x} + \sin x\right)dx = \int \frac{1}{x}\,dx + \int \sin x\,dx = \log|x| - \cos x + C.$ □

問 1

次の不定積分を求めよ．

(1) $\displaystyle\int (ax^3 + bx^2 + cx + d)\,dx \quad (a, b, c, d：定数)$ (2) $\displaystyle\int \frac{1}{x^2}\,dx$

(3) $\displaystyle\int \frac{1}{x+1}\,dx$ (4) $\displaystyle\int \frac{3x^2 - 2x + 1}{x}\,dx$

4.3 部分積分法

より複雑な関数の不定積分を求めるためには，次の部分積分法や次節の置換積分法が役に立つ．

部分積分法

$$\int f(x)g'(x)\,dx = f(x)g(x) - \int f'(x)g(x)\,dx$$

[**解説**] 積の微分の公式

$$\{f(x)g(x)\}' = f'(x)g(x) + f(x)g'(x)$$

の両辺の不定積分をとると，

$$f(x)g(x) = \int f'(x)g(x)\,dx + \int f(x)g'(x)\,dx.$$

あとは移項すればよい． □

例題 4.3

次の不定積分を求めよ．

(1) $\displaystyle\int x\cos x\,dx$ (2) $\displaystyle\int \log x\,dx$ (3) $\displaystyle\int x^2 e^x\,dx$

(解) (1)
$$\int x\cos x\,dx = \int x(\sin x)'\,dx$$
$$= x\sin x - \int x'\sin x\,dx$$
$$= x\sin x - \int \sin x\,dx = x\sin x + \cos x + C.$$

(2)
$$\int \log x\,dx = \int (\log x)x'\,dx \qquad \longleftarrow \log x = (\log x)\cdot 1 \text{ と思う!!}$$
$$= (\log x)x - \int (\log x)'x\,dx$$
$$= x\log x - \int \frac{1}{x}\cdot x\,dx$$
$$= x\log x - \int 1\,dx = x\log x - x + C.$$

(3)
$$\int x^2 e^x\,dx = \int x^2(e^x)'\,dx = x^2 e^x - \int (x^2)'e^x\,dx$$
$$= x^2 e^x - \int 2xe^x\,dx = x^2 e^x - 2\int x(e^x)'\,dx$$
$$= x^2 e^x - 2\left(xe^x - \int x' e^x\,dx\right)$$
$$= x^2 e^x - 2\left(xe^x - \int e^x\,dx\right)$$
$$= x^2 e^x - 2(xe^x - e^x) + C. \qquad \square$$

問2
次の不定積分を求めよ.
(1) $I = \displaystyle\int (x+1)e^x\,dx$ (2) $I = \displaystyle\int x\log x\,dx$
(3) $I = \displaystyle\int e^x \sin x\,dx$

4.4 置換積分法

関数 $y = f(x)$ について,x が t の関数として $x = g(t)$ とかけるとき,次の公式が成り立つ.

> **置換積分法**
> $$\int f(x)\,dx = \int f(g(t))g'(t)\,dt$$

[**解説**]

$$F(x) = \int f(x)\,dx$$

とおくと,合成関数 $F(g(t))$ の微分法より,

$$\frac{d}{dt}F(g(t)) = \frac{d}{dx}F(x) \cdot \frac{d}{dt}g(t)$$
$$= f(x)g'(t) = f(g(t))g'(t).$$

よって,$F(g(t))$ は $f(g(t))g'(t)$ の不定積分であるから,

$$\int f(x)\,dx = F(x) = F(g(t)) = \int f(g(t))g'(t)\,dt. \qquad \square$$

> **★ 覚え方**
>
> $x = g(t)$ の両辺を t で微分すると
> $$\frac{dx}{dt} = g'(t)$$
> であるが,これを
> $$\text{``}dx = g'(t)\,dt\text{''}$$
> と思って代入すればよい.
> $$\int f(x)\underline{\,dx} = \int f(g(t))\underline{g'(t)\,dt}. \qquad \square$$

注意 4.4

上式はあくまでも形式的な話である．正確には，

> "$f(x)$ を x で積分"
> したものは，
> "$f(g(t))(= f(x))$ に $g'(t)$ をかけたものを t で積分"
> したものに等しい

ということを意味する公式である． □

例題 4.5

次の不定積分を求めよ．

(1) $I = \displaystyle\int (2x-1)^5 \, dx$ (2) $I = \displaystyle\int \sin(-3x) \, dx$

(**解**) (1) $t = 2x - 1$ とおくと，$x = \dfrac{1}{2}t + \dfrac{1}{2}$．両辺を t で微分して

$$\frac{dx}{dt} = \frac{1}{2}.$$

よって $dx = \dfrac{1}{2} dt$．これと $2x - 1 = t$ を I に代入すると，

$$I = \int t^5 \cdot \frac{1}{2} \, dt = \frac{1}{2} \int t^5 \, dt$$
$$= \frac{1}{2} \cdot \frac{1}{6} t^6 + C = \frac{1}{12}(2x-1)^6 + C.$$

(2) $t = -3x$ とおく．両辺を t で微分してもよいが，x で微分しても計算できる．

$$\frac{dt}{dx} = -3 \quad \text{より} \quad dx = -\frac{1}{3} dt$$

なので，

$$I = \int \sin t \cdot \left(-\frac{1}{3}\right) dt = -\frac{1}{3} \int \sin t \, dt = -\frac{1}{3}(-\cos t) + C$$
$$= \frac{1}{3} \cos(-3x) + C \left(= \frac{1}{3} \cos 3x + C\right). \quad \square$$

問 3

次の不定積分を求めよ．

(1) $I = \displaystyle\int (-3x+2)^4 dx$ (2) $I = \displaystyle\int e^{-\frac{x}{2}} dx$

★ よく使うテクニック

例えば $h(x) = 2x\sqrt{x^2+1}$ のとき，不定積分

$$\int h(x)\,dx$$

を求めてみよう．

$t = x^2 + 1$ とおくと，ちょうど $\dfrac{dt}{dx} = 2x$ となっているので，

$$f(t) = \sqrt{t}, \quad t = g(x)\,(= x^2 + 1)$$

とかくと

$$h(x) = f(g(x))\frac{dt}{dx} = f(g(x))g'(x)$$

と表すことができる．よって，置換積分法 (の x と t の役割を入れ換えたもの) より，

$$\int h(x)\,dx = \int f(g(x))g'(x)\,dx = \int f(t)\,dt = \int \sqrt{t}\,dt$$
$$= \int t^{\frac{1}{2}}\,dt = \frac{2}{3}t^{\frac{3}{2}} + C = \frac{2}{3}(x^2+1)^{\frac{3}{2}} + C$$

が分かる．このように，

$$h(x) = f(g(x))g'(x)$$

とかけるならば，

$$\int h(x)\,dx = \int f(t)\,dt \quad (t = g(x))$$

が成り立つ． □

4.4 置換積分法

注意 4.6

もし, $h(x) = x\sqrt{x^2+1}$ ならば,

$$h(x) = \frac{1}{2} \cdot 2x\sqrt{x^2+1} = \frac{1}{2}\sqrt{x^2+1} \cdot (x^2)'$$

なので,

$$\int h(x)\,dx = \int \frac{1}{2}\sqrt{t}\,dt = \cdots = \frac{1}{3}(x^2+1)^{\frac{3}{2}} + C$$

と計算することができる. □

例題 4.7

次の不定積分を求めよ.

(1) $I = \displaystyle\int xe^{-x^2}\,dx$ (2) $I = \displaystyle\int \frac{(\log x)^2}{x}\,dx$

(**解**) (1) $t = -x^2$ とおくと $\dfrac{dt}{dx} = -2x$ なので,

$$I = -\frac{1}{2}\int e^{-x^2} \cdot (-2x)\,dx$$
$$= -\frac{1}{2}\int e^t\,dt = -\frac{1}{2}e^t + C = -\frac{1}{2}e^{-x^2} + C.$$

(2) $t = \log x$ とおくと $\dfrac{dt}{dx} = \dfrac{1}{x}$ なので,

$$I = \int (\log x)^2 \cdot \frac{1}{x}\,dx$$
$$= \int t^2\,dt = \frac{1}{3}t^3 + C = \frac{1}{3}(\log x)^3 + C.$$

問 4

次の不定積分を求めよ.

(1) $I = \displaystyle\int x\cos(x^2)\,dx$ (2) $I = \displaystyle\int x^2(2x^3-1)^5\,dx$

もう一つ, 有用な公式を挙げておこう.

公式
$$\int \frac{f'(x)}{f(x)} \, dx = \log |f(x)| + C$$

[解説]
$$(\log |f(x)|)' = \frac{f'(x)}{f(x)}$$

から分かる. □

例題 4.8
次の不定積分を求めよ.
(1) $I = \displaystyle\int \tan x \, dx$ (2) $I = \displaystyle\int \frac{x}{x^2-1} \, dx$

(**解**) (1)
$$I = \int \frac{\sin x}{\cos x} \, dx = -\int \frac{(\cos x)'}{\cos x} \, dx$$
$$= -\log |\cos x| + C.$$

(2)
$$I = \int \frac{x}{x^2-1} \, dx = \frac{1}{2} \int \frac{(x^2-1)'}{x^2-1} \, dx$$
$$= \frac{1}{2} \log |x^2-1| + C. \qquad □$$

問 5
次の不定積分を求めよ.
(1) $I = \displaystyle\int \frac{x^2}{x^3-1} \, dx$ (2) $I = \displaystyle\int \frac{\cos x}{1+\sin x} \, dx$
(3) $I = \displaystyle\int \frac{1}{x \log x} \, dx$ (4) $I = \displaystyle\int \tan^{-1} x \, dx$

4.5 有理関数の積分

$\dfrac{x^3}{x^2-1}$ のように,

$$\dfrac{f(x)}{g(x)} \quad (f(x), g(x):多項式)$$

の形の関数を**有理関数**という. もし

$$(f(x) の次数) \geq (g(x) の次数)$$

となっているならば, $f(x)$ を $g(x)$ で割ることにより,

$$\dfrac{f(x)}{g(x)} = h(x) + \dfrac{f_1(x)}{g(x)}$$

($h(x), f_1(x)$:多項式で, ($f_1(x)$ の次数) $<$ ($g(x)$ の次数))

とかける (例えば, x^3 を x^2-1 で割ると, 商が x, 余りが x だから,

$$\dfrac{x^3}{x^2-1} = x + \dfrac{x}{x^2-1}$$

と表せる). したがってこのとき,

$$\int \dfrac{f(x)}{g(x)}\,dx = \int h(x)\,dx + \int \dfrac{f_1(x)}{g(x)}\,dx$$

となる. ここで, $\int h(x)\,dx$ は多項式の積分であるからやさしい.

$\int \dfrac{f_1(x)}{g(x)}\,dx$ を計算するためには $\dfrac{f_1(x)}{g(x)}$ を "部分分数分解" するとよい. 以下, 例を挙げて部分分数分解のやり方を説明しよう.

例 4.9 部分分数分解

(1) $\dfrac{1}{x^2-1}$.

まず分母を因数分解して $x^2-1 = (x-1)(x+1)$. よって,

$$\dfrac{1}{x^2-1} = \dfrac{A}{x-1} + \dfrac{B}{x+1} \quad (A, B:定数)$$

という形に表せることが推察できるであろう．あとはこの A, B を求めればよい．右辺を通分して，

$$\frac{1}{x^2-1} = \frac{A(x+1)+B(x-1)}{x^2-1}.$$

よって $1 = A(x+1) + B(x-1)$，すなわち，

$$(A+B)x + A - B = 1.$$

この式は

"多項式として左辺と右辺が等しい"
(つまり, x についての恒等式である)

ことを意味しているので，両辺の係数を比較すると，

$$A + B = 0 \quad かつ \quad A - B = 1$$

でなければならない．ゆえに，$A = \frac{1}{2}, B = -\frac{1}{2}$．したがって，

$$\frac{1}{x^2-1} = \frac{1}{2}\left(\frac{1}{x-1} - \frac{1}{x+1}\right)$$

が分かる．

この程度のものなら "A", "B" とおかなくても，右辺の形の見当はつくかもしれないが，以下の例ではそれは困難であろう．

(2) $\dfrac{x-7}{x^3-3x+2}$.

分母を因数分解すると

$$x^3 - 3x + 2 = (x-1)(x^2+x-2) = (x-1)^2(x+2).$$

このような場合には，$x+2, x-1, (x-1)^2$ を分母にとって

$$\frac{x-7}{x^3-3x+2} = \frac{A}{x+2} + \frac{B}{x-1} + \frac{C}{(x-1)^2}$$

とおく．すると，

4.5 有理関数の積分

$$（右辺） = \frac{A(x-1)^2 + B(x+2)(x-1) + C(x+2)}{(x+2)(x-1)^2}$$

$$= \frac{(A+B)x^2 + (-2A+B+C)x + A-2B+2C}{x^3 - 3x + 2}$$

であるから, 分子を比較して

$$x - 7 = (A+B)x^2 + (-2A+B+C)x + A - 2B + 2C.$$

これは多項式としての等式 (x の恒等式) なので,

$$A + B = 0, \quad -2A + B + C = 1, \quad A - 2B + 2C = -7.$$

これを解くと

$$A = -1, \ B = 1, \ C = -2$$

が分かる. したがって,

$$\frac{x-7}{x^3 - 3x + 2} = -\frac{1}{x+2} + \frac{1}{x-1} - \frac{2}{(x-1)^2}$$

と分解できることが分かる.

(3) $\dfrac{x^2}{x^3 + x^2 + x + 1}$.

分母を因数分解すると

$$x^3 + x^2 + x + 1 = (x+1)(x^2+1).$$

このように, "2 次式" までしか因数分解できないときには, そこの分子を "1 次式" にしなければならない. すなわち,

$$\frac{x^2}{x^3 + x^2 + x + 1} = \frac{A}{x+1} + \frac{Bx + C}{x^2 + 1}$$

とおく. すると,

$$（右辺） = \frac{A(x^2+1) + (Bx+C)(x+1)}{(x+1)(x^2+1)}$$

$$= \frac{(A+B)x^2 + (B+C)x + A + C}{x^3 + x^2 + x + 1}.$$

よって x の恒等式

$$(A+B)x^2 + (B+C)x + A + C = x^2$$

を得る．これから

$$A + B = 1, \ B + C = 0, \ A + C = 0$$

より，

$$A = \frac{1}{2}, \ B = \frac{1}{2}, \ C = -\frac{1}{2}$$

が分かり，

$$\frac{x^2}{x^3 + x^2 + x + 1} = \frac{1}{2}\left(\frac{1}{x+1} + \frac{x-1}{x^2+1}\right)$$

なる部分分数分解が得られる． □

さて，例 4.9 の部分分数分解を使って，有理関数の不定積分を求めてみよう．

例 4.10

(1) $\displaystyle \int \frac{1}{x^2-1}\, dx = \int \frac{1}{2}\left(\frac{1}{x-1} - \frac{1}{x+1}\right) dx$
$\displaystyle = \frac{1}{2}\left(\int \frac{1}{x-1}\, dx - \int \frac{1}{x+1}\, dx\right)$
$\displaystyle = \frac{1}{2}\left(\log|x-1| - \log|x+1|\right) + C.$

$(\log|x|)' = \dfrac{1}{x}$ に注意

(2) $\displaystyle \int \frac{x-7}{x^3 - 3x + 2}\, dx = \int \left(-\frac{1}{x+2} + \frac{1}{x-1} - \frac{2}{(x-1)^2}\right) dx$
$\displaystyle = -\int \frac{1}{x+2}\, dx + \int \frac{1}{x-1}\, dx - 2\int \frac{1}{(x-1)^2}\, dx$

$$= -\log|x+2| + \log|x-1| - 2 \cdot \frac{-1}{x-1} + C$$

$\left(\dfrac{1}{x-1}\right)' = -\dfrac{1}{(x-1)^2}$ に注意

$$= -\log|x+2| + \log|x-1| + \frac{2}{x-1} + C.$$

(3) $\displaystyle\int \frac{x^2}{x^3+x^2+x+1}\,dx = \int \frac{1}{2}\left(\frac{1}{x+1} + \frac{x-1}{x^2+1}\right)dx$

$$= \frac{1}{2}\left(\int \frac{1}{x+1}\,dx + \int \frac{x}{x^2+1}\,dx - \int \frac{1}{x^2+1}\,dx\right)$$

$$= \frac{1}{2}\left(\log|x+1| + \frac{1}{2}\log(x^2+1) - \tan^{-1} x\right) + C.$$

$\left(\log(x^2+1)\right)' = \dfrac{2x}{x^2+1}$, $(\tan^{-1} x)' = \dfrac{1}{1+x^2}$ に注意 □

問 6

次の不定積分を求めよ.

(1) $I = \displaystyle\int \dfrac{1}{x^3 - x}\,dx$

(2) $I = \displaystyle\int \dfrac{1}{x^3 + x}\,dx$

(3) $I = \displaystyle\int \dfrac{1}{(x^2-1)^2}\,dx$

4.6　三角関数の有理関数の積分

$\displaystyle\int \dfrac{1}{\sin x}\,dx$ や $\displaystyle\int \dfrac{1}{1+\cos x}\,dx$ のような三角関数の有理関数の不定積分を求めるためには,

$$\boxed{t = \tan \frac{x}{2}}$$

とおくとうまくいく. 実際,

$$\sin x = 2\sin\frac{x}{2}\cos\frac{x}{2} = 2\tan\frac{x}{2}\cos^2\frac{x}{2}$$
$$= 2\tan\frac{x}{2}\cdot\frac{1}{1+\tan^2\frac{x}{2}} = \boxed{\frac{2t}{1+t^2}},$$
$$\cos x = 2\cos^2\frac{x}{2} - 1 = \frac{2}{1+\tan^2\frac{x}{2}} - 1 = \boxed{\frac{1-t^2}{1+t^2}},$$
$$\tan x = \frac{2\tan\frac{x}{2}}{1-\tan^2\frac{x}{2}} = \boxed{\frac{2t}{1-t^2}},$$
$$\frac{dt}{dx} = \frac{1}{\cos^2\frac{x}{2}}\cdot\frac{1}{2} = \left(1+\tan^2\frac{x}{2}\right)\cdot\frac{1}{2} = \frac{1+t^2}{2} \quad \text{より}$$
$$\boxed{dx = \frac{2}{1+t^2}dt}$$

と t で表すことができるので, t の有理関数の積分に帰着されるのである.

例題 4.11

次の不定積分を求めよ.

(1) $I = \displaystyle\int \frac{1}{\sin x}\,dx$ 　　　　(2) $I = \displaystyle\int \frac{1}{1+\cos x}\,dx$

(**解**)　(1) $t = \tan\dfrac{x}{2}$ とおくと,

$$\frac{1}{\sin x} = \frac{1+t^2}{2t}, \quad dx = \frac{2}{1+t^2}\,dt.$$

よって,

$$I = \int \frac{1+t^2}{2t}\cdot\frac{2}{1+t^2}\,dt = \int \frac{1}{t}\,dt = \log|t| + C = \log\left|\tan\frac{x}{2}\right| + C.$$

(2) $t = \tan\dfrac{x}{2}$ とおくと,

$$\frac{1}{1+\cos x} = \frac{1}{1+\frac{1-t^2}{1+t^2}} = \frac{1+t^2}{2},$$
$$dx = \frac{2}{1+t^2}\,dt.$$

よって，
$$I = \int \frac{1+t^2}{2} \cdot \frac{2}{1+t^2}\, dt = \int 1\, dt = t + C = \tan \frac{x}{2} + C.\qquad \square$$

問 7

次の不定積分を求めよ．

(1) $I = \displaystyle\int \frac{1}{1-\cos x}\, dx$ \qquad (2) $I = \displaystyle\int \frac{1}{1+\sin x}\, dx$

4.7 無理関数の積分

4.7.1 $\sqrt{ax+b}$ を含むもの

根号の中が 1 次式 ($\sqrt{ax+b}$ の形) の場合，

$$t = \sqrt{ax+b}$$

とおけばうまくいく．

例題 4.12

不定積分 $I = \displaystyle\int \frac{1}{x\sqrt{1-x}}\, dx$ を計算せよ．

(**解**) $t = \sqrt{1-x}$ とおくと，

$$t^2 = 1 - x \quad \text{より} \quad x = 1 - t^2,$$
$$\frac{dx}{dt} = -2t \quad \text{より} \quad dx = -2t\, dt.$$

よって，
$$I = \int \frac{1}{(1-t^2)t} \cdot (-2t)\, dt$$
$$= 2\int \frac{1}{t^2-1}\, dt = 2\int \frac{1}{2}\left(\frac{1}{t-1} - \frac{1}{t+1}\right) dt$$

$$= \int \frac{1}{t-1}\,dt - \int \frac{1}{t+1}\,dt = \log|t-1| - \log|t+1| + C$$
$$= \log\left|\sqrt{1-x}-1\right| - \log\left(\sqrt{1-x}+1\right) + C. \qquad \square$$

問 8

不定積分 $I = \int x\sqrt{1-x}\,dx$ を計算せよ．

4.7.2 ① $\sqrt{a-x^2}$, ② $\sqrt{x^2 \pm a}$ $(a > 0)$ を含むもの

それぞれ，

$$① \quad x = \sqrt{a}\sin t \quad \left(-\frac{\pi}{2} \le t \le \frac{\pi}{2}\right)^{*1},$$
$$② \quad t = x + \sqrt{x^2 \pm a}$$

とおくとうまくいく．実際 ① は，

$$\sqrt{a-x^2} = \sqrt{a - a\sin^2 t} = \sqrt{a}\sqrt{1-\sin^2 t} = \sqrt{a}\cos t,$$
$$\frac{dx}{dt} = \sqrt{a}\cos t \quad \text{より} \quad dx = \sqrt{a}\cos t\,dt$$

と t で表される．②については，例を見るに留めよう[*2]．

例題 4.13

次の不定積分を求めよ．

(1) $I = \int \sqrt{1-x^2}\,dx$ (2) $I = \int \dfrac{1}{\sqrt{x^2+1}}\,dx$

(解) (1) $x = \sin t\ (-\pi/2 \le t \le \pi/2)$ とおくと，

$$\sqrt{1-x^2} = \sqrt{1-\sin^2 t} = \cos t,$$

[*1] 根号の中は $a - x^2 \ge 0$ だから，$-\sqrt{a} \le x \le \sqrt{a}$．よって，$-\pi/2 \le t \le \pi/2$ の t を使って $x = \sqrt{a}\sin t$ と表せる．

[*2] ②について，このようにおくとうまくいく理由は，章末問題 [2] 参照．

4.7 無理関数の積分

$$\frac{dx}{dt} = \cos t \quad \text{より} \quad dx = \cos t\, dt.$$

よって,

$$I = \int \cos t \cdot \cos t\, dt = \int \cos^2 t\, dt = \int \frac{\cos 2t + 1}{2}\, dt$$
$$= \frac{1}{2}\left(\int \cos 2t\, dt + \int 1\, dt\right) = \frac{1}{2}\left(\frac{1}{2}\sin 2t + t\right) + C$$
$$= \frac{1}{2}(\sin t \cos t + t) + C = \frac{1}{2}\left(x\sqrt{1-x^2} + \sin^{-1} x\right) + C.$$

(2) $t = x + \sqrt{x^2+1}$ とおくと, $\sqrt{x^2+1} = t - x$. 両辺を 2 乗して整理すると,

$$x = \frac{t^2-1}{2t}. \tag{4.1}$$

よって

$$\sqrt{x^2+1} = t - \frac{t^2-1}{2t} = \frac{2t^2 - t^2 + 1}{2t} = \frac{t^2+1}{2t}.$$

また, (4.1) の両辺を t で微分すると

$$\frac{dx}{dt} = \frac{2t \cdot 2t - (t^2-1) \cdot 2}{4t^2} = \frac{4t^2 - 2t^2 + 2}{4t^2} = \frac{t^2+1}{2t^2} \quad \text{より}$$
$$dx = \frac{t^2+1}{2t^2}\, dt.$$

ゆえに,

$$I = \int \frac{1}{\frac{t^2+1}{2t}} \cdot \frac{t^2+1}{2t^2}\, dt = \int \frac{1}{t}\, dt$$
$$= \log|t| + C = \log\left|x + \sqrt{x^2+1}\right| + C. \qquad \square$$

問 9

次の不定積分を求めよ.

(1) $I = \displaystyle\int \frac{1}{(1-x^2)\sqrt{1-x^2}}\, dx$ (2) $I = \displaystyle\int \frac{1}{x\sqrt{x^2-1}}\, dx$

注意 4.14

$$(\sin^{-1} x)' = \frac{1}{\sqrt{1-x^2}}$$

なので,

$$\boxed{\int \frac{1}{\sqrt{1-x^2}}\, dx = \sin^{-1} x + C}$$

である.

4.8 定積分

4.1 積分とは? で, $y = f(x)$ の c から x までの部分と x 軸との間の部分の面積を $S(x)$ とするとき,

$$S'(x) = f(x)$$

という関係があることを見た. この $S(x)$ を使うと, "a から b までの部分" の面積は

$$S(b) - S(a)$$

と表せる. この値を

$$\boxed{\int_a^b f(x)\, dx}$$

とかき, $f(x)$ の a から b までの**定積分**と呼ぶ.

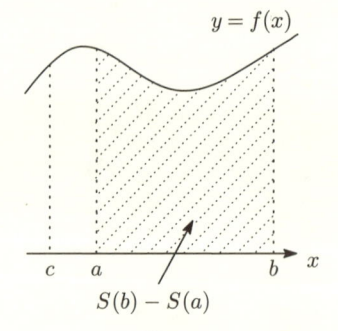

図 4.2

注意 4.15

$\int_a^b f(x)\, dx$ は $f(x)$ の不定積分のとり方によらない一定の値である.
実際, $F(x), G(x)$ を共に $f(x)$ の不定積分とすると,

4.8 定積分

$$F(x) = G(x) + C \quad (C：定数)$$

と表せるので (注意 4.1 参照),

$$F(b) - F(a) = (G(b) + C) - (G(a) + C) = G(b) - G(a)$$

が成り立つ. この値が $\int_a^b f(x)\,dx$ に他ならない. □

参考 4.16

$y = f(x)$ $(a \leq x \leq b)$ と x 軸との間の部分の面積

$$S\left(= \int_a^b f(x)\,dx\right)$$

は, 次のようにとらえることもできる.

$a \leq x \leq b$ を n 個の区間に分割し, 図 4.3 のように i 番目の部分の面積を S_i とすると, 分割が細かければ S_i は長方形の面積に近い：

$$S_i \fallingdotseq f(x_i)(x_i - x_{i-1}).$$

また, $S = \displaystyle\sum_{i=1}^n S_i\,(= S_1 + \cdots + S_n)$ なので,

$$S \fallingdotseq \sum_{i=1}^n f(x_i)(x_i - x_{i+1}) \tag{4.2}$$

が成り立つ. 分割をどんどん細かくしていって $n \to \infty$ とすると, (4.2) の右辺は S に近づくことが推察できるであろう. この極限値を

$$(S =) \int_a^b f(x)\,dx$$

とかくのである[*3]. □

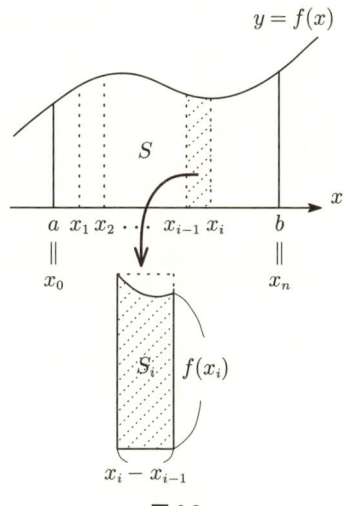

図 4.3

[*3] 正確にいうと, これらの定積分の説明は, 常に $f(x) \geq 0$ の場合の話である. $f(x) < 0$ となるような区間における定積分は, 面積にマイナスをつけたものに等しい (4.9 節参照).

以下,

$$\bigl[F(x)\bigr]_a^b = F(b) - F(a)$$

と表すことにする.すると,即座に次が分かる.

定理 4.17

$F(x)$ を $f(x)$ の不定積分とすると,

$$\int_a^b f(x)\,dx = \bigl[F(x)\bigr]_a^b$$

が成り立つ.

例題 4.18

次の定積分を計算せよ.

(1) $I = \displaystyle\int_0^1 (x^3 - 2x + 1)\,dx$ (2) $I = \displaystyle\int_1^8 \sqrt[3]{x}\,dx$

(3) $I = \displaystyle\int_0^{\frac{\pi}{4}} \dfrac{1}{\cos^2 x}\,dx$

(**解**) (1)
$$I = \int_0^1 (x^3 - 2x + 1)\,dx$$
$$= \left[\frac{1}{4}x^4 - 2\cdot\frac{1}{2}x^2 + x\right]_0^1$$
$$= \left(\frac{1}{4} - 1 + 1\right) - 0 = \frac{1}{4}.$$

(2)
$$I = \int_1^8 \sqrt[3]{x}\,dx = \int_1^8 x^{\frac{1}{3}}\,dx$$
$$= \left[\frac{3}{4}x^{\frac{4}{3}}\right]_1^8 = \frac{3}{4}\left(8^{\frac{4}{3}} - 1\right)$$
$$= \frac{3}{4}(2^4 - 1) = \frac{45}{4}.$$

(3)
$$I = \int_0^{\frac{\pi}{4}} \frac{1}{\cos^2 x}\,dx$$

$$= [\tan x]_0^{\frac{\pi}{4}}$$
$$= \tan \frac{\pi}{4} - \tan 0 = 1. \qquad \square$$

問 10

次の定積分を計算せよ．

(1) $\displaystyle\int_0^1 (ax^3 + bx^2 + cx + d)\,dx \qquad (a, b, c, d : 定数)$

(2) $\displaystyle\int_1^2 \frac{1}{x^2}\,dx$ \qquad (3) $\displaystyle\int_0^{e-1} \frac{1}{x+1}\,dx$

(4) $\displaystyle\int_0^{\frac{1}{2}} \frac{1}{\sqrt{1-x^2}}\,dx$

定理 4.17 を使うと，部分積分法，置換積分法の"定積分版"が得られる．

部分積分法

$$\int_a^b f(x)g'(x)\,dx = \bigl[f(x)g(x)\bigr]_a^b - \int_a^b f'(x)g(x)\,dx$$

例題 4.19

次の定積分を計算せよ．

(1) $I = \displaystyle\int_0^{\frac{\pi}{2}} x\cos x\,dx$ \qquad (2) $I = \displaystyle\int_1^2 \log x\,dx$ \qquad (3) $I = \displaystyle\int_0^1 x^2 e^x\,dx$

(**解**) (1)
$$I = \int_0^{\frac{\pi}{2}} x\cos x\,dx$$
$$= [x\sin x]_0^{\frac{\pi}{2}} - \int_0^{\frac{\pi}{2}} 1\cdot \sin x\,dx$$
$$= \left(\frac{\pi}{2}\sin\frac{\pi}{2} - 0\right) + [\cos x]_0^{\frac{\pi}{2}}$$
$$= \frac{\pi}{2} + (0 - 1) = \frac{\pi}{2} - 1.$$

(2) $$I = \int_1^2 \log x\,dx$$

$$= [x \log x]_1^2 - \int_1^2 x \cdot \frac{1}{x} \, dx$$
$$= 2\log 2 - 1\log 1 - [x]_1^2$$
$$= 2\log 2 - (2-1) = 2\log 2 - 1.$$

(3) $\displaystyle I = \int_0^1 x^2 e^x \, dx$
$$= [x^2 e^x]_0^1 - \int_0^1 2x e^x \, dx$$
$$= e - 0 - 2\int_0^1 x e^x \, dx$$
$$= e - 2\left([xe^x]_0^1 - \int_0^1 e^x \, dx\right)$$
$$= e - 2\left(e - 0 - [e^x]_0^1\right)$$
$$= e - 2. \qquad \square$$

問 11

次の定積分を計算せよ．

(1) $\displaystyle I = \int_1^2 x \log x \, dx$　　(2) $\displaystyle I = \int_0^{\frac{\pi}{4}} e^x \sin x \, dx$

(3) $\displaystyle I = \int_0^1 \tan^{-1} x \, dx$

参考 4.20

部分積分法を使って，定積分 $\displaystyle \int_0^{\frac{\pi}{2}} \sin^n x \, dx \quad (n = 1, 2, \ldots)$ を計算してみよう．

$\displaystyle I_n = \int_0^{\frac{\pi}{2}} \sin^n x \, dx$ とおく．

$$I_n = \int_0^{\frac{\pi}{2}} (-\cos x)' \sin^{n-1} x \, dx$$

であるから，

4.8 定積分

$$I_n = \left[-\cos x \sin^{n-1} x\right]_0^{\frac{\pi}{2}} + \int_0^{\frac{\pi}{2}} \cos x (\sin^{n-1} x)' \, dx$$

$$= \int_0^{\frac{\pi}{2}} \cos x \cdot (n-1) \sin^{n-2} x \cdot \cos x \, dx \qquad \longleftarrow \cos\frac{\pi}{2} = 0, \ \sin 0 = 0$$

$$= (n-1) \int_0^{\frac{\pi}{2}} (1 - \sin^2 x) \sin^{n-2} x \, dx \qquad \longleftarrow \cos^2 x = 1 - \sin^2 x$$

$$= (n-1) \left(\int_0^{\frac{\pi}{2}} \sin^{n-2} x \, dx - \int_0^{\frac{\pi}{2}} \sin^n x \, dx \right)$$

$$= (n-1)(I_{n-2} - I_n). \qquad \longleftarrow I_{n-2} = \int_0^{\frac{\pi}{2}} \sin^{n-2} x \, dx$$

I_n をまとめると, $nI_n = (n-1)I_{n-2}$.

$$\therefore \ I_n = \frac{n-1}{n} I_{n-2}.$$

また,

$$I_0 = \int_0^{\frac{\pi}{2}} 1 \, dx = \frac{\pi}{2},$$

$$I_1 = \int_0^{\frac{\pi}{2}} \sin x \, dx = [-\cos x]_0^{\frac{\pi}{2}} = 1$$

であるから,

$$I_2 = \frac{2-1}{2} I_0 = \frac{1}{2} \cdot \frac{\pi}{2},$$

$$I_3 = \frac{3-1}{3} I_1 = \frac{2}{3},$$

$$I_4 = \frac{4-1}{4} I_2 = \frac{3}{4} \cdot \frac{1}{2} \cdot \frac{\pi}{2},$$

$$I_5 = \frac{5-1}{5} I_3 = \frac{4}{5} \cdot \frac{2}{3},$$

$$\cdots\cdots$$

と次々に計算することができる. このことから, 一般に次の公式が得られる.

$$\int_0^{\frac{\pi}{2}} \sin^n x \, dx = \begin{cases} \dfrac{n-1}{n} \cdot \dfrac{n-3}{n-2} \cdots \dfrac{1}{2} \cdot \dfrac{\pi}{2} & (n: \text{偶数}) \\ \dfrac{n-1}{n} \cdot \dfrac{n-3}{n-2} \cdots \dfrac{2}{3} & (n: \text{奇数}) \end{cases}$$

全く同様の議論により，この公式の左辺を $\int_0^{\frac{\pi}{2}} \cos^n x\, dx$ に換えたものも成り立つ．したがって，

$$\int_0^{\frac{\pi}{2}} \cos^n x\, dx = \int_0^{\frac{\pi}{2}} \sin^n x\, dx$$

が成り立つ． □

置換積分法

$(x = g(t)$ とかけるとき$)$

$$\int_a^b f(x)\, dx = \int_\alpha^\beta f(g(t))g'(t)\, dt \quad (a = g(\alpha),\ b = g(\beta))$$

例題 4.21

次の定積分を計算せよ．

(1) $I = \int_0^1 (2x-1)^5\, dx$ 　　(2) $I = \int_0^{\frac{\pi}{3}} \sin(-3x)\, dx$

(3) $I = \int_0^1 \sqrt{1-x^2}\, dx$

(**解**)　(1) $t = 2x - 1$ とおくと，$\dfrac{dt}{dx} = 2$ より $dx = \dfrac{1}{2} dt$ で，

x	$0 \longrightarrow 1$
t	$-1 \longrightarrow 1$

なので，

$$I = \int_{-1}^1 t^5 \cdot \frac{1}{2}\, dt = \frac{1}{2} \int_{-1}^1 t^5\, dt$$
$$= \frac{1}{2} \left[\frac{1}{6} t^6 \right]_{-1}^1 = \frac{1}{12}(1 - 1) = 0.$$

(2) $t = -3x$ とおくと，$\dfrac{dt}{dx} = -3$ より $dx = -\dfrac{1}{3} dt$ で，

なので,

$$\begin{array}{c|ccc} x & 0 & \longrightarrow & \pi/3 \\ \hline t & 0 & \longrightarrow & -\pi \end{array}$$

なので,

$$I = \int_0^{-\pi} \sin t \cdot \left(-\frac{1}{3}\right) dt = -\frac{1}{3} \int_0^{-\pi} \sin t \, dt$$
$$= -\frac{1}{3} [-\cos t]_0^{-\pi} = \frac{1}{3} \{\cos(-\pi) - \cos 0\}$$
$$= \frac{1}{3}(-1-1) = -\frac{2}{3}.$$

(3) $x = \sin t \ (-\pi/2 \le t \le \pi/2)$ とおくと,

$$\sqrt{1-x^2} = \sqrt{1-\sin^2 t} = \cos t,$$
$$\frac{dx}{dt} = \cos t \ \text{より} \ dx = \cos t \, dt \ \text{で},$$

$$\begin{array}{c|ccc} x & 0 & \longrightarrow & 1 \\ \hline t & 0 & \longrightarrow & \pi/2 \end{array}$$

なので,

$$I = \int_0^{\frac{\pi}{2}} \cos t \cdot \cos t \, dt = \int_0^{\frac{\pi}{2}} \cos^2 t \, dt$$
$$= \int_0^{\frac{\pi}{2}} \frac{\cos 2t + 1}{2} dt$$
$$= \frac{1}{2} \left[\frac{1}{2} \sin 2t + t\right]_0^{\frac{\pi}{2}}$$
$$= \frac{1}{2} \left\{\frac{1}{2} \sin \pi + \frac{\pi}{2} - \left(\frac{1}{2} \sin 0 + 0\right)\right\}$$
$$= \frac{1}{2} \cdot \frac{\pi}{2} = \frac{\pi}{4}.$$ □

問 12

次の定積分を計算せよ．

(1) $I = \displaystyle\int_0^{\frac{\pi}{2}} \frac{1}{1 + \cos x}\, dx$ (2) $I = \displaystyle\int_0^1 \frac{1}{\sqrt{x^2 + 1}}\, dx$

(3) $I = \displaystyle\int_1^2 \sqrt{x^2 - 1}\, dx$

4.9 定積分の応用

4.9.1 面　積

$a \leq x \leq b$ において $f(x) \geq 0$ のとき，図 4.4 の面積 S_1 は

$$S_1 = \int_a^b f(x)\, dx$$

で与えられる*4．もし，図 4.5 のように $a \leq x \leq b$ において $f(x) \leq 0$ であれば，

$$S_2 = -\int_a^b g(x)\, dx$$

と計算できる．さらに，図 4.6 のように $y = f(x)$ と $y = g(x)$ との間の部分の面積 S_3 は，

$$S_3 = \int_a^b \{f(x) - g(x)\}\, dx$$

となる．

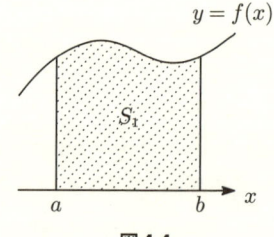

図 4.4

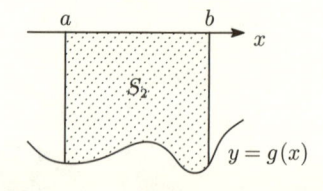

図 4.5

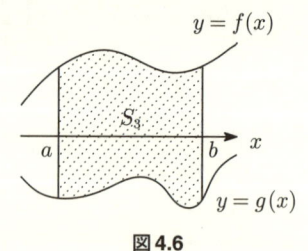

図 4.6

例題 4.22

$x^2 + y^2 = 1 \; (x \geq 0)$ と y 軸とで囲まれる図形の面積 S を求めよ．

---

*4 4.1 積分とは？ や 4.8 定積分の冒頭の説明は，$f(x) \geq 0$ の場合に限定したものであった！

(**解**) $x^2 + y^2 = 1$ より $y^2 = 1 - x^2$. ゆえに,

$$y = \begin{cases} \sqrt{1-x^2} & (y \geq 0), \\ -\sqrt{1-x^2} & (y \leq 0). \end{cases}$$

よって, S は $y = \sqrt{1-x^2}$ と $y = -\sqrt{1-x^2}$ ($0 \leq x \leq 1$) と y 軸とで囲まれる図形の面積なので,

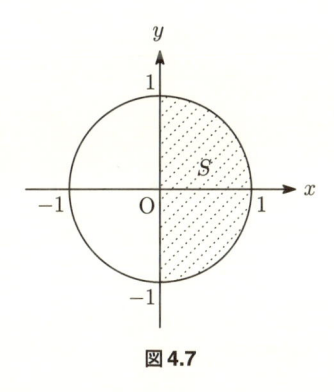

$$\begin{aligned}
S &= \int_0^1 \left\{ \sqrt{1-x^2} - (-\sqrt{1-x^2}) \right\} dx \\
&= 2 \int_0^1 \sqrt{1-x^2}\, dx \\
&= 2 \cdot \frac{\pi}{4} \quad \longleftarrow \text{例題 4.21 (3) より} \\
&= \frac{\pi}{2}. \quad \longleftarrow \text{半径 1 の円の面積の半分!}
\end{aligned}$$

図 4.7

□

問 13

楕円 $\dfrac{x^2}{4} + y^2 = 1$ ($x \geq 0$) と y 軸とで囲まれる図形の面積 S を求めよ.

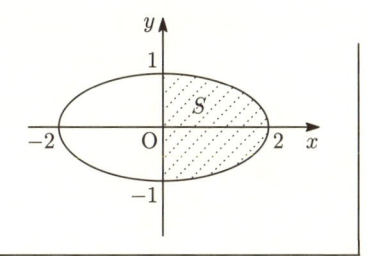

4.9.2 体 積

図 4.8 のように, x 軸に垂直な平面で切った切り口の図形の面積を $S(x)$ とするとき, この立体の体積 V は

$$V = \int_a^b S(x)\, dx$$

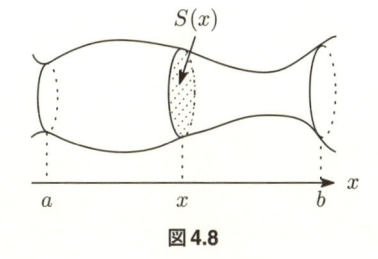

図 4.8

で与えられる (参考 4.23 参照). 特に, $y = f(x)$ を x 軸の周りに回転してできる立体の切り口の面積は $S(x) = \pi\{f(x)\}^2$ であるから, その体積 V は,

$$V = \pi \int_a^b \{f(x)\}^2 \, dx$$

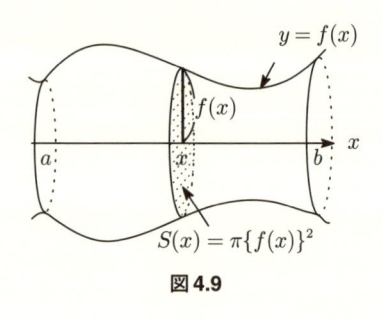

図 4.9

で与えられる.

参考 4.23

図 4.10 のように, 立体の a から x までの部分の体積を $V(x)$ とおくと, $V'(x) = S(x)$ となっていることが分かる (4.1 積分とは? と全く同様の議論である!). よって,

$$V = \bigl[V(x)\bigr]_a^b = \int_a^b S(x) \, dx$$

が分かるのである. □

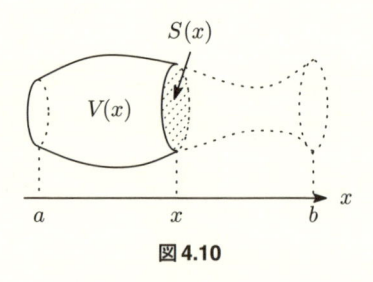

図 4.10

例題 4.24

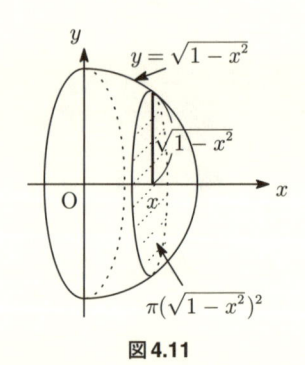

$y = \sqrt{1-x^2}$ $(0 \leq x \leq 1)$ を x 軸の周りに回転してできる立体の体積 V を求めよ.

(解)
$$\begin{aligned}
V &= \pi \int_0^1 \left(\sqrt{1-x^2}\right)^2 dx \\
&= \pi \int_0^1 (1-x^2) \, dx \\
&= \pi \left[x - \frac{1}{3}x^3\right]_0^1 = \pi \left(1 - \frac{1}{3}\right) \\
&= \frac{2}{3}\pi.
\end{aligned}$$

⟵ 半径 1 の球の体積の半分 !!

図 4.11

□

問 14

(1) $y = \dfrac{1}{x}$ $(1 \leq x \leq 2)$ を x 軸の周りに回転してできる立体の体積 V を求めよ.

(2) 実数 $a > 0$ に対し, 線分
$$y = -\frac{x}{a} + 1 \quad (0 \leq x \leq a)$$
を x 軸の周りに回転してできる立体 (円錐) の体積 V を求めよ.

4.9.3 曲線の長さ

曲線 = 折れ線の極限と考えることにより, $a \leq x \leq b$ における曲線 $y = f(x)$ の長さ l を定積分を使って表そう.

図 4.12 のように, a から b までを n 個に細かく分割すると, 各線分 $A_{i-1}A_i$ の長さは, 三平方の定理より,

$$\sqrt{(x_i - x_{i-1})^2 + (f(x_i) - f(x_{i-1}))^2}$$
$$= \sqrt{1 + \left(\frac{f(x_i) - f(x_{i-1})}{x_i - x_{i-1}}\right)^2} \cdot (x_i - x_{i-1})$$

なので, "折れ線" $A_0 A_1 \cdots A_n$ の長さは

$$\sum_{i=1}^{n} \sqrt{1 + \left(\frac{f(x_i) - f(x_{i-1})}{x_i - x_{i-1}}\right)^2} \cdot (x_i - x_{i-1}) \tag{4.3}$$

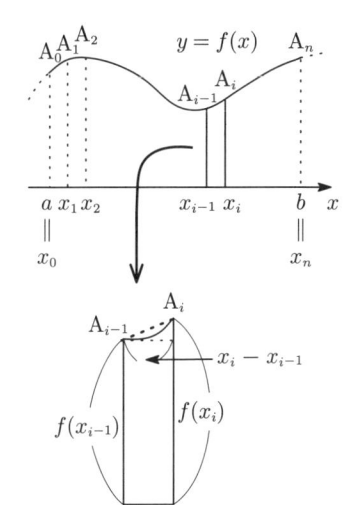

図 4.12

となる. ここで, 分割をどんどん細かくしていって $n \to \infty$ とするとき, 折れ線 $A_0 A_1 \cdots A_n$ の長さは l に近づき, また, 和 (4.3) は

$$\int_a^b \sqrt{1 + \{f'(x)\}^2}\, dx$$

に近づくことが分かる*5. したがって,次の公式を得る.

曲線の長さ

曲線 $y = f(x)$ $(a \leq x \leq b)$ の長さ l は

$$l = \int_a^b \sqrt{1 + \{f'(x)\}^2}\, dx \left(= \int_a^b \sqrt{1 + \left(\frac{dy}{dx}\right)^2}\, dx \right)$$

で与えられる.

例題 4.25

曲線 $y = \sqrt{1-x^2}$ $(0 \leq x \leq 1)$ の長さ l を求めよ.

(**解**)
$$l = \int_0^1 \sqrt{1 + \left(\frac{dy}{dx}\right)^2}\, dx$$

である. ここで,

$$\frac{dy}{dx} = \frac{1}{2\sqrt{1-x^2}} \cdot (1-x^2)'$$
$$= \frac{-2x}{2\sqrt{1-x^2}} = -\frac{x}{\sqrt{1-x^2}}$$

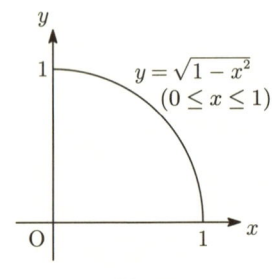

図 4.13

であるから,

$$l = \int_0^1 \sqrt{1 + \left(-\frac{x}{\sqrt{1-x^2}}\right)^2}\, dx$$
$$= \int_0^1 \sqrt{1 + \frac{x^2}{1-x^2}}\, dx = \int_0^1 \frac{1}{\sqrt{1-x^2}}\, dx$$
$$= \left[\sin^{-1} x\right]_0^1$$
$$= \sin^{-1} 1 - \sin^{-1} 0 = \frac{\pi}{2} - 0$$

⟵ $\sin \frac{\pi}{2} = 1,\ \sin 0 = 0$

---

*5 $\dfrac{f(x_i) - f(x_{i-1})}{x_i - x_{i-1}}$ は $f'(x)$ に, $\sum_{i=1}^{n} \bullet \cdot (x_i - x_{i-1})$ は $\int_a^b \bullet\, dx$ に対応している!! (参考 4.16 参照)

$$= \frac{\pi}{2}.$$

⟵ 半径 1 の円周の長さの 4 分の 1 !!

□

問 15

$y = \frac{1}{2}x^2 \ (-1 \leq x \leq 1)$ の長さ l を求めよ.

4.10 広義積分

$$(1) \int_1^\infty \frac{1}{x^2}\,dx \quad \text{や} \quad (2) \int_{-\infty}^0 e^x\,dx$$

のように積分区間に ∞ や $-\infty$ を含む定積分を**広義積分**という．これらは次のようにして計算する：

(1) $\displaystyle \int_1^\infty \frac{1}{x^2}\,dx = \lim_{b \to \infty} \int_1^b \frac{1}{x^2}\,dx,$

(2) $\displaystyle \int_{-\infty}^0 e^x\,dx = \lim_{a \to -\infty} \int_a^0 e^x\,dx.$

つまり，まず定積分 $\displaystyle \int_1^b \frac{1}{x^2}\,dx, \int_a^0 e^x\,dx$ を計算し，それから極限 $b \to \infty, a \to -\infty$ をとるのである．

$$\int_1^b \frac{1}{x^2}\,dx = \left[-\frac{1}{x}\right]_1^b = -\frac{1}{b} + 1,$$

$$\int_a^0 e^x\,dx = [e^x]_a^0 = e^0 - e^a = 1 - e^a$$

なので，

(1) $\displaystyle \int_1^\infty \frac{1}{x^2}\,dx = \lim_{b \to \infty} \left(-\frac{1}{b} + 1\right) = 1,$

(2) $\displaystyle \int_{-\infty}^0 e^x\,dx = \lim_{a \to -\infty} (1 - e^a) = 1$

となる．

例題 4.26

次の広義積分を計算せよ．

(1) $I = \int_1^\infty \dfrac{1}{x^3}\,dx$ 　　　　(2) $I = \int_0^\infty xe^{-x}\,dx$

(解)

(1) $\quad I = \lim\limits_{b\to\infty}\int_1^\infty \dfrac{1}{x^3}\,dx = \lim\limits_{b\to\infty}\left[-\dfrac{1}{2}x^{-2}\right]_1^b$
$= -\dfrac{1}{2}\lim\limits_{b\to\infty}(b^{-2}-1) = -\dfrac{1}{2}(0-1) = \dfrac{1}{2}.$

(2) $\quad I = \lim\limits_{b\to\infty}\int_0^b xe^{-x}\,dx$
$= \lim\limits_{b\to\infty}\left\{[-xe^{-x}]_0^b - \int_0^b (-e^{-x})\,dx\right\}$
$= \lim\limits_{b\to\infty}\left(-be^{-b} + [-e^{-x}]_0^b\right)$
$= \lim\limits_{b\to\infty}\left\{-be^{-b} - (e^{-b}-1)\right\}$
$= \lim\limits_{b\to\infty}\left(1 - \dfrac{b}{e^b} - \dfrac{1}{e^b}\right)$
$= 1.$

$\longleftarrow \begin{array}{l}\int_0^b xe^{-x}\,dx \\ = \int_0^b x(-e^{-x})'\,dx\end{array}$ と思って部分積分法 !!

$\longleftarrow$ ロピタルの定理より $\lim\limits_{b\to\infty}\dfrac{b}{e^b} = \lim\limits_{b\to\infty}\dfrac{1}{e^b} = 0$

□

問 16

次の広義積分を計算せよ．

(1) $I = \int_0^\infty e^{-2x}\,dx$ 　　　　(2) $I = \int_{-\infty}^\infty \dfrac{1}{x^2+1}\,dx$

注意 4.27

広義積分 $\int_1^\infty \dfrac{1}{x}\,dx$ を計算すると，

$$\int_1^\infty \dfrac{1}{x}\,dx = \lim_{b\to\infty}\int_1^b \dfrac{1}{x}\,dx = \lim_{b\to\infty}[\log|x|]_1^b$$

$$= \lim_{b \to \infty} (\log|b| - \log 1) = \lim_{b \to \infty} \log|b| = \infty.$$

このように極限が ∞ や $-\infty$ になるとき，この広義積分は**発散する**という．広義積分は発散することもあるので注意が必要である．

第4章 章末問題

[1] 以下の不定積分を求めよ．

(1) $\int \dfrac{2x+1}{1+x^2}\,dx$
(2) $\int \dfrac{x}{\sqrt{1-x^4}}\,dx$
(3) $\int \dfrac{x^2 \tan^{-1} x}{1+x^2}\,dx$
(4) $\int \dfrac{1-\cos x}{1+\cos x}\,dx$

[2] 不定積分

$$\int \sqrt{x^2 \pm a}\,dx \quad (a > 0)$$

を計算したい．
(1) オイラーの公式 $e^{i\theta} = \cos\theta + i\sin\theta$ を使うと，

$$\cos\theta = \dfrac{1}{2}\left(e^{i\theta} + e^{-i\theta}\right),\quad \sin\theta = \dfrac{1}{2i}\left(e^{i\theta} - e^{-i\theta}\right)$$

とかけることが簡単に分かる．この類似で，以下のような関数を考える．

$$\cosh s = \dfrac{1}{2}\left(e^s + e^{-s}\right),\quad \sinh s = \dfrac{1}{2}\left(e^s - e^{-s}\right)$$

(これらは双曲線関数と呼ばれる．h は hyperbola (双曲線) の略である)．このとき以下を示せ．

- $\cosh^2 s - \sinh^2 s = 1$
- $(\sinh s)' = \cosh s$
- $(\cosh s)' = \sinh s$

(2) $x = \sqrt{a}\sinh s$ とおいて，$\sqrt{x^2 + a}$ の不定積分を求めよ．同様にして，$x = \sqrt{a}\cosh s$ とおいて，$\sqrt{x^2 - a}$ の不定積分を求めよ[*6] ($\sqrt{a}e^s = t$ とおいたものが，4.7 節で紹介した置換法である)．

[3] (発展) ロープを両端で固定して吊るしたとき，重力によってたるんだ曲線ができる．この曲線を懸垂線と呼ぶ．両端が同じ高さのとき，懸垂線の方程式は，

[*6] $\cosh s \geq 1$ なので，この置換が可能なのは $x \geq \sqrt{a}$ のときだけであるが，$x \leq -\sqrt{a}$ のときは $x = -\sqrt{a}\cosh s$ とおくことにより同じ結果が得られる．

$$y = \frac{a}{2}(e^{x/a} + e^{-x/a}), \quad a > 0$$

の形であることが知られている．懸垂線の最下点における水平方向の張力を T，単位長さあたりの質量を ρ，重力加速度を g とするとき，$T = \rho g a$ である．

(1) 懸垂線は，遠くから見ると放物線に見える．この理由を説明せよ．

(2) フックの水平距離が s であるとき，懸垂線の長さ l を s の式で表せ．

(3) ロープを吊るすフック間の水平距離が s，ロープの長さが l ($l > s$) であり，s は小さいものとする．このとき，マクローリン展開を利用して，最下点におけるロープの張力 T の近似値を求めよ．

[**4**] x–y 平面上の円板 $(x-R)^2 + y^2 \leq r^2$ ($0 < r < R$) を y 軸の周りに 1 回転してできる回転体（輪環体）の体積は，円板の面積 πr^2 と中心の描く円の周長 $2\pi R$ の積 $2\pi r^2 R$ に等しいことを示せ．

[**5**] $\dfrac{1}{1+x}$ のマクローリン展開を利用して，$\log(1+x)$ ($|x| < 1$) のマクローリン展開を導け．

[**6**] (発展) $|x| < 1$ で収束する級数

$$\frac{1}{1+x^2} = 1 - x^2 + x^4 - x^6 + \cdots \tag{4.4}$$

について，以下の問に答えよ．

(1) (4.4) の両辺を 0 から x ($|x| < 1$) まで積分することにより，$\tan^{-1} x$ のマクローリン展開を求めよ．

(2) 以下の等式 (マチン (Machin) の公式) を示せ．

$$\frac{\pi}{4} = 4 \tan^{-1} \frac{1}{5} - \tan^{-1} \frac{1}{239}$$

(3) (1), (2) を利用して π の近似値を求めよ．

第5章 偏微分

5.1 2変数関数

$z = x^2 + y^2$ のように, x と y を与えれば z が決まるものを **2変数関数** という. 2変数関数は曲面を表す (図 5.1, 5.2, 5.3 参照).

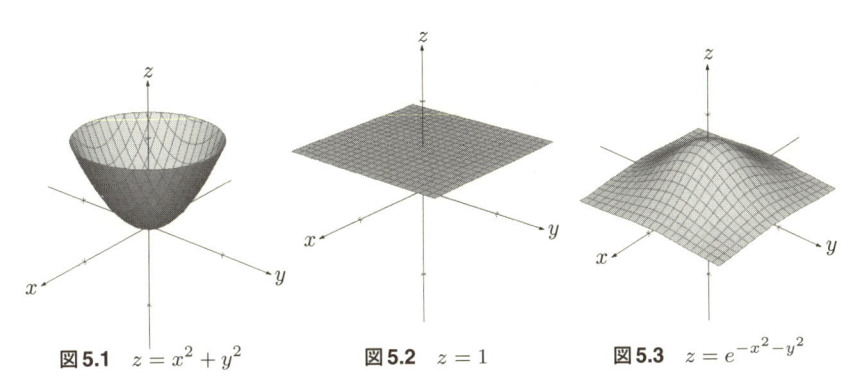

図 5.1 $z = x^2 + y^2$

図 5.2 $z = 1$

図 5.3 $z = e^{-x^2 - y^2}$

5.2 偏導関数

関数 $f(x, y)$ に対し, 極限値

$$\lim_{x \to a} \frac{f(x, b) - f(a, b)}{x - a}$$

が存在するとき, $f(x, y)$ は (a, b) で x に関して**偏微分可能**であるという. このとき, 上の極限値を $\boxed{f_x(a, b)}$ とかき, $f(x, y)$ の (a, b) での x に関する**偏微分係数**という. これは, $f(x, y)$ に $y = b$ を代入した x だけの関数 $f(x, b)$ の $x = a$ での微分係数に

他ならない．同様に，(a,b) で y に関して偏微分可能であるとき，その偏微分係数

$$f_y(a,b) = \lim_{y \to b} \frac{f(a,y) - f(a,b)}{y - b}$$

は，y だけの関数 $f(a,y)$ の $y = b$ での微分係数である．

一般に，(x,y) に $f_x(x,y)$ や $f_y(x,y)$ を対応させる関数

$$(x,y) \mapsto f_x(x,y), \quad (x,y) \mapsto f_y(x,y)$$

を**偏導関数**と呼ぶ．$f_x(x,y), f_y(x,y)$ を

$$z_x, \ z_y, \ \frac{\partial f}{\partial x}, \ \frac{\partial f}{\partial y}, \ \frac{\partial z}{\partial x}, \ \frac{\partial z}{\partial y}$$

等とも表す．

例題 5.1

次の関数の偏導関数 $f_x(x,y), f_y(x,y)$ を求めよ．
(1) $f(x,y) = x^3 - y^3 + 1$ 　　　(2) $f(x,y) = x^2 y^3$

(**解**)　(1) $f_x(x,y) = 3x^2 + 0 = 3x^2$.
$\qquad f_y(x,y) = 0 - 3y^2 + 0 = -3y^2$.
(2) $f_x(x,y) = y^3 \cdot 2x = 2xy^3$.
$\qquad f_y(x,y) = x^2 \cdot 3y^2 = 3x^2 y^2$. □

問 1

次の関数の偏導関数 $f_x(x,y), f_y(x,y)$ を求めよ．

(1) $f(x,y) = x^3 - 3x^2 y + 2xy^2 - 4y^3$ 　　(2) $f(x,y) = \dfrac{x}{y}$

(3) $f(x,y) = \dfrac{\sin y}{\log x}$ 　　(4) $f(x,y) = xe^y$

(5) $f(x,y) = x^y \ (x > 0)$ 　　(6) $f(x,y) = \dfrac{x}{x^2 + y^2}$

(7) $f(x,y) = xy \cos x$ 　　(8) $f(x,y) = \sqrt{y} e^{-x} \cdot \log y$

5.3 合成関数の微分法

まず，1 変数関数の合成関数の微分法を復習しよう．

例 5.2

$f(x) = \sin x$, $x = t^2$ のとき，公式

$$\frac{df}{dt} = \frac{df}{dx} \cdot \frac{dx}{dt} \quad (5.1)$$

← 合成関数
　$t \mapsto t^2 \mapsto \sin(t^2)$
　の微分法

(3.3 節参照) より，

$$\frac{df}{dt} = \frac{d}{dx}(\sin x) \cdot \frac{d}{dt}(t^2) = (\cos x) \cdot 2t = 2t \cos(t^2)$$

が分かる． □

上の公式 (5.1) は，x が "s と t の 2 変数関数" の場合にも応用できる．

例 5.3

$f(x) = \sin x$, $x = s^2 + 3t$

のとき，偏導関数 $\dfrac{\partial f}{\partial s}$ については t を定数と思うことにより，公式

$$\frac{\partial f}{\partial s} = \frac{df}{dx} \cdot \frac{\partial x}{\partial s}$$

← 合成関数
　$s \mapsto s^2 + 3t \mapsto \sin(s^2 + 3t)$
　の微分法

が得られ，同様に s を定数と思うことにより，公式

$$\frac{\partial f}{\partial t} = \frac{df}{dx} \cdot \frac{\partial x}{\partial t}$$

← 合成関数
　$t \mapsto s^2 + 3t \mapsto \sin(s^2 + 3t)$
　の微分法

が得られるので，

$$\frac{\partial f}{\partial s} = \frac{d}{dx}(\sin x) \cdot \frac{\partial}{\partial s}(s^2 + 3t) = (\cos x) \cdot 2s = 2s \cos(s^2 + 3t),$$

$$\frac{\partial f}{\partial t} = \frac{d}{dx}(\sin x) \cdot \frac{\partial}{\partial t}(s^2 + 3t) = (\cos x) \cdot 3 = 3\cos(s^2 + 3t)$$

が分かる. □

問2 次の合成関数の偏導関数 $\dfrac{\partial f}{\partial s}, \dfrac{\partial f}{\partial t}$ を求めよ.

(1) $f(x) = x^5,\ x = s - t$ 　　(2) $f(x) = \log|x|,\ x = s^2 - t^2$

(3) $f(x) = e^{-x},\ x = st$ 　　(4) $f(x) = \tan^{-1} x,\ x = \dfrac{s}{t}$

次に, 2 変数関数 $z = f(x, y)$ において, x, y が t の関数として

$$x = \varphi(t),\ y = \psi(t)$$

　　$t \mapsto (\varphi(t), \psi(t))$
　　　$\mapsto f(\varphi(t), \psi(t))$

と表されるとする. このとき, 合成関数 $z = f(\varphi(t), \psi(t))$ の導関数は次の公式により計算される.

--- **合成関数の微分法** ---

$$\frac{df}{dt} = \frac{\partial f}{\partial x} \cdot \frac{dx}{dt} + \frac{\partial f}{\partial y} \cdot \frac{dy}{dt} \tag{5.2}$$

[解説] t が Δt 増加するとき, x, y, f がそれぞれ $\Delta x, \Delta y, \Delta f$ だけ増加するとすると,

$$\begin{aligned}
\frac{\Delta f}{\Delta t} &= \frac{f(x + \Delta x, y + \Delta y) - f(x, y)}{\Delta t} \\
&= \frac{f(x + \Delta x, y + \Delta y) - f(x, y + \Delta y)}{\Delta t} \\
&\quad + \frac{f(x, y + \Delta y) - f(x, y)}{\Delta t} \\
&= \frac{f(x + \Delta x, y + \Delta y) - f(x, y + \Delta y)}{\Delta x} \cdot \frac{\Delta x}{\Delta t} \\
&\quad + \frac{f(x, y + \Delta y) - f(x, y)}{\Delta y} \cdot \frac{\Delta y}{\Delta t}.
\end{aligned}$$

両辺を $\Delta t \to 0$ とすれば,

$$\frac{df}{dt} = \frac{\partial f}{\partial x} \cdot \frac{dx}{dt} + \frac{\partial f}{\partial y} \cdot \frac{dy}{dt}$$

5.3 合成関数の微分法

が分かる. □

例 5.4

$f(x, y) = \sin x \cos y, \ x = t^2, \ y = 3t$
のとき, 公式 (5.2) より,

$\quad\longleftarrow t \mapsto (t^2, 3t)$
$\quad\quad\mapsto \sin(t^2)\cos(3t)$

$$\frac{df}{dt} = \frac{\partial}{\partial x}(\sin x \cos y) \cdot \frac{d}{dt}(t^2) + \frac{\partial}{\partial y}(\sin x \cos y) \cdot \frac{d}{dt}(3t)$$
$$= (\cos x \cos y) \cdot 2t + \sin x(-\sin y) \cdot 3$$
$$= 2t \cos(t^2)\cos(3t) - 3\sin(t^2)\sin(3t).$$
□

問 3

$x = \cos\theta, \ y = \sin\theta$ のとき, $f(x, y) = xy$ の導関数 $\dfrac{df}{d\theta}$ を次の二通りの方法で求めよ.
(1) $f(x, y)$ に $x = \cos\theta, \ y = \sin\theta$ を代入して直接計算する方法.
(2) 公式 (5.2) を利用する方法.

さらに, $z = f(x, y)$ において, x, y が s, t の2変数関数として

$$x = \varphi(s, t), \ y = \psi(s, t)$$
$\quad\longleftarrow (s, t) \mapsto (\varphi(s,t), \psi(s,t))$
$\quad\quad\mapsto f(\varphi(s,t), \psi(s,t))$

と表されるとき, 合成関数 $z = f(\varphi(s, t), \psi(s, t))$ の偏導関数は次の公式により計算される.

合成関数の偏微分法

$$\frac{\partial f}{\partial s} = \frac{\partial f}{\partial x} \cdot \frac{\partial x}{\partial s} + \frac{\partial f}{\partial y} \cdot \frac{\partial y}{\partial s}$$
$$\frac{\partial f}{\partial t} = \frac{\partial f}{\partial x} \cdot \frac{\partial x}{\partial t} + \frac{\partial f}{\partial y} \cdot \frac{\partial y}{\partial t}$$
(5.3)

[**解説**] $\dfrac{\partial f}{\partial s}$ は, t を定数と思って, 合成関数

$$s \mapsto (\varphi(s, t), \psi(s, t)) \mapsto f(\varphi(s, t), \psi(s, t))$$

を微分したものであるから，上の式は (5.2) から即座に従う．下の式についても全く同様である． □

例 5.5

$f(x,y) = \sin x \cos y, \ x = st^2, \ y = 3st$
のとき，公式 (5.3) より，

> ⟵ $(s,t) \mapsto (st^2, 3st)$
> $\mapsto \sin(st^2)\cos(3st)$

$$\frac{\partial f}{\partial s} = \frac{\partial}{\partial x}(\sin x \cos y) \cdot \frac{\partial}{\partial s}(st^2) + \frac{\partial}{\partial y}(\sin x \cos y) \cdot \frac{\partial}{\partial s}(3st)$$
$$= (\cos x \cos y) \cdot t^2 + \sin x(-\sin y) \cdot 3t$$
$$= t^2 \cos(st^2)\cos(3st) - 3t\sin(st^2)\sin(3st),$$
$$\frac{\partial f}{\partial t} = \frac{\partial}{\partial x}(\sin x \cos y) \cdot \frac{\partial}{\partial t}(st^2) + \frac{\partial}{\partial y}(\sin x \cos y) \cdot \frac{\partial}{\partial t}(3st)$$
$$= (\cos x \cos y) \cdot 2st + \sin x(-\sin y) \cdot 3s$$
$$= 2st \cos(st^2)\cos(3st) - 3s\sin(st^2)\sin(3st). \quad □$$

問 4

$x = r\cos\theta, \ y = r\sin\theta$ のとき，$f(x,y) = xy$ の偏導関数 $\dfrac{\partial f}{\partial r}, \ \dfrac{\partial f}{\partial \theta}$ を次の二通りの方法で求めよ．

(1) $f(x,y)$ に $x = r\cos\theta, \ y = r\sin\theta$ を代入して，直接計算する方法．

(2) 公式 (5.3) を利用する方法．

参考 5.6

公式 (5.2) や (5.3) のような法則を**連鎖律**（**チェイン・ルール**）と呼ぶ．

5.4 陰関数の導関数

2 変数関数 $F(x,y) = x^2 + y^2 - 1$ を考える．これが $F(x,y) = 0$ をみたすとき，それは (x-y 平面上では) 単位円 $x^2 + y^2 = 1$ を表す．よって $y \geq 0$ においては $y = \sqrt{1-x^2}$ と表すことができる．このように，$F(x,y) = 0$ をみたすような x の関

5.4 陰関数の導関数

数 $y = f(x)$ を, $F(x, y) = 0$ が定める**陰関数**と呼ぶ ($y = \sqrt{1-x^2}$ や $y = -\sqrt{1-x^2}$ は $x^2 + y^2 - 1 = 0$ が定める陰関数である). ここでは, 陰関数の導関数の計算方法を説明しよう.

$F(x, y) = 0$ に $y = f(x)$ を代入すると,

$$F(x, f(x)) = 0. \tag{5.4}$$

左辺 $F(x, f(x))$ を合成関数

$$x \mapsto (x, f(x)) \mapsto F(x, f(x))$$

と見なせば, 合成関数の微分法 (5.2) より,

$$\begin{aligned}\frac{d}{dx}F(x, f(x)) &= \frac{\partial F}{\partial x} \cdot \frac{dx}{dx} + \frac{\partial F}{\partial y} \cdot \frac{df}{dx} \\ &= F_x(x, f(x)) \cdot 1 + F_y(x, f(x)) \cdot f'(x).\end{aligned}$$

よって, (5.4) の両辺を x で微分すれば,

$$F_x(x, f(x)) + F_y(x, f(x))f'(x) = 0$$

となる. したがって, もし $F_y(x, f(x)) \neq 0$ ならば,

$$y' = f'(x) = -\frac{F_x(x, f(x))}{F_y(x, f(x))} = -\frac{F_x(x, y)}{F_y(x, y)}$$

が成り立つ. 以上をまとめて,

陰関数の導関数

2 変数関数 $F(x, y)$ について, $F(x, y) = 0$ が定める陰関数 $y = f(x)$ の導関数は, $F_y(x, y) \neq 0$ のとき,

$$y' = -\frac{F_x(x, y)}{F_y(x, y)}$$

で与えられる.

例 5.7

$F(x, y) = x^2 + y^2 - 1 = 0$ について, $F_x(x, y) = 2x$, $F_y(x, y) = 2y$ であるから, 上の公式より, 陰関数 $y = \pm\sqrt{1-x^2}$ の導関数は,

$$y' = -\frac{2x}{2y} = -\frac{x}{y} \quad (y \neq 0) \tag{5.5}$$

であることが分かる．実際, $y = \sqrt{1-x^2}$ のときは,

$$y' = \frac{1}{2\sqrt{1-x^2}}(-2x) = -\frac{x}{\sqrt{1-x^2}}\left(=-\frac{x}{y}\right),$$

$y = -\sqrt{1-x^2}$ のときは,

$$y' = -\frac{1}{2\sqrt{1-x^2}}(-2x) = \frac{x}{\sqrt{1-x^2}}\left(=-\frac{x}{y}\right)$$

であるから，どちらの陰関数に対しても (5.5) が成り立つことが分かる．

注意 5.8

陰関数の導関数は，次のような方法で求めることもできる．

$$x^2 + y^2 - 1 = 0$$

について，"y を x の関数と思って" 両辺を x で微分すると,

$$2x + 2y \cdot y' = 0$$
$$\therefore \ y' = -\frac{x}{y} \quad (y \neq 0).$$

例題 5.9

$$F(x,y) = x^2 + xy + y^2 - 3 = 0$$

が定める陰関数 y の導関数を求めよ．

(**解**) $F_x(x,y) = 2x + y$, $F_y(x,y) = x + 2y$ より,

$$y' = -\frac{2x+y}{x+2y} \quad (x \neq -2y).$$

(**別解**) $x^2 + xy + y^2 - 3 = 0$ の両辺を (y を x の関数と思って) x で微分すると,

$$2x + (1 \cdot y + x \cdot y') + 2y \cdot y' = 0$$
$$(x+2y)y' = -(2x+y)$$
$$\therefore \ y' = -\frac{2x+y}{x+2y} \quad (x \neq -2y). \qquad \square$$

問 5

次の関数 $F(x,y)$ について，$F(x,y) = 0$ が定める陰関数 y の導関数を求めよ．
(1) $F(x,y) = x^3 - 3xy + y^3$
(2) $F(x,y) = -x^2 + y + e^{xy}$

5.5 高次偏導関数

関数 $f(x,y)$ が x, y に関して偏微分可能であるとき，偏導関数 $f_x(x,y)$ がさらに x, y で偏微分可能であるならば，x, y に関する偏導関数をそれぞれ，

$$f_{xx}(x,y) \left(= \frac{\partial^2 f}{\partial x^2} \right), \ f_{xy}(x,y) \left(= \frac{\partial^2 f}{\partial y \partial x} \right)$$

と表す．$f_y(x,y)$ についても同様に，

$$f_{yx}(x,y) \left(= \frac{\partial^2 f}{\partial x \partial y} \right), \ f_{yy}(x,y) \left(= \frac{\partial^2 f}{\partial y^2} \right)$$

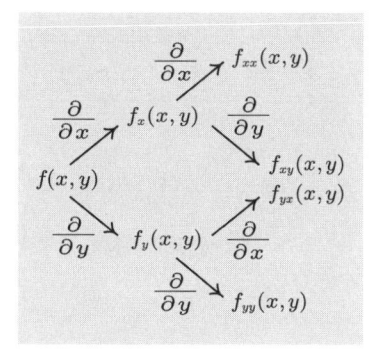

と表す．これらを**第 2 次偏導関数**という．

$f_{xy}(x,y)$ と $f_{yx}(x,y)$ とは，微分する順序を換えただけのものであり，以後，出てくるすべての関数に対してそれらは等しい[*1]．

同様にして，第 3 次, ..., 第 n 次, ... の偏導関数も考えることができる．記号についても同様である．

[*1] $f_{xy}(x,y)$ と $f_{yx}(x,y)$ が "連続"（つまり，グラフが途切れていない !!）ならば，$f_{xy}(x,y) = f_{yx}(x,y)$ であることが知られている．

問 6

(1) $f(x,y) = 2x^3 - x^2y + 3xy^2 - y^3$ について，第 2 次偏導関数をすべて求めよ．

(2) $f(x,y) = \log(x^2 + y^2)$ について，$f_{xy}(x,y) = f_{yx}(x,y)$ を確かめよ．

5.6 テイラー展開

1 変数関数 $f(x)$ のマクローリン展開とは，$f(x)$ を x の (無限に続く) 多項式で表すことであった：

$$f(x) = f(0) + \frac{f'(0)}{1!}x + \frac{f''(0)}{2!}x^2 + \cdots + \frac{f^{(n)}(0)}{n!}x^n + \cdots$$

(3.7 節参照)．同様に，2 変数関数 $f(x,y)$ のマクローリン展開とは，$f(x,y)$ を "x と y の (無限に続く) 多項式" で表すことである．1 変数の場合にならって，この "多項式" を 2 次の項まで求めてみよう．

まず，

$$f(x,y) = a_0 + a_1 x + b_1 y + a_2 x^2 + b_2 xy + c_2 y^2 + (x, y \text{ の 3 次以上の項}) \quad (5.6)$$

($a_0, a_1, a_2, b_1, b_2, c_2$ は定数) とかけると仮定しよう．すると，(5.6) に $(x,y) = (0,0)$ を代入することにより，

$$a_0 = f(0,0)$$

が分かる．次に，(5.6) の両辺を x で偏微分して

$$f_x(x,y) = a_1 + 2a_2 x + b_2 y + (x, y \text{ の 2 次以上の項}). \quad (5.7)$$

$(x,y) = (0,0)$ を代入すれば，

$$a_1 = f_x(0,0).$$

同様に，(5.6) の両辺を y で偏微分して $(x,y) = (0,0)$ を代入することにより，

5.6 テイラー展開

$$b_1 = f_y(0,0)$$

も分かる．したがって 1 次の項は

$$f_x(0,0)x + f_y(0,0)y$$

となる．さらに，(5.7) の両辺を x で偏微分して

$$f_{xx}(x,y) = 2a_2 + (x, y \text{ の 1 次以上の項}).$$

$(x,y) = (0,0)$ を代入すると，

$$2a_2 = f_{xx}(0,0) \quad \text{より} \quad a_2 = \frac{1}{2}f_{xx}(0,0).$$

(5.7) の両辺を y で偏微分して $(x,y) = (0,0)$ を代入すれば，

$$b_2 = f_{xy}(0,0).$$

同様に，(5.6) の両辺を y で 2 回偏微分して，$(x,y) = (0,0)$ を代入することにより，

$$c_2 = \frac{1}{2}f_{yy}(0,0)$$

も分かる．したがって 2 次の項は

$$\frac{1}{2}\{f_{xx}(0,0)x^2 + 2f_{xy}(0,0)xy + f_{yy}(0,0)y^2\}$$

となる．

3 次以上の項を簡明に表すためには，少しかき方を変える必要がある．

$$f_x = \frac{\partial f}{\partial x}, \ f_y = \frac{\partial f}{\partial y}, \ f_{xx} = \frac{\partial^2 f}{\partial x^2}, \ f_{xy}(=f_{yx}) = \frac{\partial^2 f}{\partial x \partial y}, \ f_{yy} = \frac{\partial^2 f}{\partial y^2}$$

とかき直すと，1 次の項は，

$$f_x(0,0)x + f_y(0,0)y = x\frac{\partial}{\partial x}f(0,0) + y\frac{\partial}{\partial y}f(0,0)$$

とかける．この右辺を

$$\left(x\frac{\partial}{\partial x}+y\frac{\partial}{\partial y}\right)f(0,0)$$

とかくことにしよう. 同様に 2 次の項は,

$$\frac{1}{2}\{f_{xx}(0,0)x^2+2f_{xy}(0,0)xy+f_{yy}(0,0)y^2\}$$
$$=\frac{1}{2}\left\{x^2\frac{\partial^2}{\partial x^2}f(0,0)+2xy\frac{\partial^2}{\partial x\partial y}f(0,0)+y^2\frac{\partial^2}{\partial y^2}f(0,0)\right\}$$
$$=\frac{1}{2}\left(x^2\frac{\partial^2}{\partial x^2}+2xy\frac{\partial^2}{\partial x\partial y}+y^2\frac{\partial^2}{\partial y^2}\right)f(0,0). \tag{5.8}$$

さらに

$$x^2\frac{\partial^2}{\partial x^2}=\left(x\frac{\partial}{\partial x}\right)^2, \quad xy\frac{\partial^2}{\partial x\partial y}=x\frac{\partial}{\partial x}\cdot y\frac{\partial}{\partial y}, \quad y^2\frac{\partial^2}{\partial y^2}=\left(y\frac{\partial}{\partial y}\right)^2$$

とかくことにすれば, (5.8) は

$$\frac{1}{2}\left(x\frac{\partial}{\partial x}+y\frac{\partial}{\partial y}\right)^2 f(0,0)$$

と表すことができる.

さて, 上で 2 次の項まで求めた操作をさらに繰り返すと, 3 次, 4 次, ... の項は,

$$\frac{1}{3!}\left(x\frac{\partial}{\partial x}+y\frac{\partial}{\partial y}\right)^3 f(0,0), \quad \frac{1}{4!}\left(x\frac{\partial}{\partial x}+y\frac{\partial}{\partial y}\right)^4 f(0,0),\ldots$$

となることが分かる. 以上より, $f(x,y)$ が <u>(5.6) のようにかけると仮定</u> すると,

$$\boxed{\begin{aligned}f(x,y)=f(0,0)&+\frac{1}{1!}\left(x\frac{\partial}{\partial x}+y\frac{\partial}{\partial y}\right)f(0,0)\\&+\frac{1}{2!}\left(x\frac{\partial}{\partial x}+y\frac{\partial}{\partial y}\right)^2 f(0,0)\\&+\cdots+\frac{1}{n!}\left(x\frac{\partial}{\partial x}+y\frac{\partial}{\partial y}\right)^n f(0,0)+\cdots\end{aligned}}$$

が成り立つ. これを $f(x,y)$ の**マクローリン展開**という. 特に, 2 次の項までをかき下すと,

5.6 テイラー展開

$$f(x,y) = f(0,0) + f_x(0,0)x + f_y(0,0)y + \\ + \frac{1}{2}\{f_{xx}(0,0)x^2 + 2f_{xy}(0,0)xy + f_{yy}(0,0)y^2\} + \cdots$$

同様に, $f(x,y)$ が "$x-a$ と $y-b$ の多項式" で

$$f(x,y) = a_0 + a_1(x-a) + b_1(y-b) \\ + a_2(x-a)^2 + b_2(x-a)(y-b) + c_2(y-b)^2 + \cdots$$

とかけると仮定すると,

$$a_0 = f(a,b),\ a_1 = f_x(a,b),\ b_1 = f_y(a,b), \\ a_2 = \frac{1}{2}f_{xx}(a,b),\ b_2 = f_{xy}(a,b),\ c_2 = \frac{1}{2}f_{yy}(a,b),\ldots$$

が分かり,

$$h = x - a,\ k = y - b$$

とおくと,

$$\begin{aligned}f(a+h,b+k) &= f(a,b) + \frac{1}{1!}\left(h\frac{\partial}{\partial x} + k\frac{\partial}{\partial y}\right)f(a,b) \\ &\quad + \frac{1}{2!}\left(h\frac{\partial}{\partial x} + k\frac{\partial}{\partial y}\right)^2 f(a,b) \\ &\quad + \cdots + \frac{1}{n!}\left(h\frac{\partial}{\partial x} + k\frac{\partial}{\partial y}\right)^n f(a,b) + \cdots \\ &= f(a,b) + f_x(a,b)h + f_y(a,b)k \\ &\quad + \frac{1}{2}\{f_{xx}(a,b)h^2 + 2f_{xy}(a,b)hk + f_{yy}(a,b)k^2\} + \cdots\end{aligned} \tag{5.9}$$

が成り立つことが分かる (左辺は $f(x,y)$ に等しい). これらを $f(x,y)$ の (a,b) におけるテイラー展開という. (5.9) の 2 番目の展開式は 2 次の項までかき下したものであるが, これは極値の判定法を求める際に中心的役割を果たす (5.7 節参照).

例題 5.10

(1) $f(x,y) = e^{x+y}$ のマクローリン展開を求めよ．

(2) $f(x,y) = \sqrt{1+x+y}$ のマクローリン展開を 2 次の項まで求めよ．

(解) (1) $f(0,0) = f_x(0,0) = f_y(0,0) = \cdots = \dfrac{\partial^n}{\partial x^i \partial y^{n-i}} f(0,0) = \cdots = 1$ なので,

$$e^{x+y} = 1 + x + y + \frac{1}{2!}(x+y)^2 + \cdots + \frac{1}{n!}(x+y)^n + \cdots.$$

(2) $f_x(x,y) = \dfrac{1}{2}(1+x+y)^{-\frac{1}{2}}$, $f_y(x,y) = \dfrac{1}{2}(1+x+y)^{-\frac{1}{2}}$, $f_{xx}(x,y) = f_{xy}(x,y) = f_{yy}(x,y) = -\dfrac{1}{4}(1+x+y)^{-\frac{3}{2}}$ より, $f(0,0) = 1, f_x(0,0) = f_y(0,0) = \dfrac{1}{2}, f_{xx}(0,0) = f_{xy}(0,0) = f_{yy}(0,0) = -\dfrac{1}{4}$. よって,

$$\begin{aligned}
\sqrt{1+x+y} &= f(0,0) + f_x(0,0)x + f_y(0,0)y \\
&\quad + \frac{1}{2}\{f_{xx}(0,0)x^2 + 2f_{xy}(0,0)xy + f_{yy}(0,0)y^2\} + \cdots \\
&= 1 + \frac{1}{2}(x+y) - \frac{1}{8}(x+y)^2 + \cdots.
\end{aligned}$$
□

問 7

(1) $f(x,y) = e^{-(x+y)}$ のマクローリン展開を求めよ．

(2) $f(x,y) = \sqrt{1+ax+by}$ $(a, b：実数)$ のマクローリン展開を 2 次の項まで求めよ．

5.7 極　値

1 変数関数のときと同様, 2 変数関数の極大, 極小とは, 図 5.4 のようなものである. つまり,

> $f(x,y)$ が (a,b) で**極大** (あるいは**極小**)
> 定義
> $\iff$
> (a,b) の十分近くのすべての $(x,y)(\neq(a,b))$ に対し,
> $f(a,b) > f(x,y)$ (あるいは $f(a,b) < f(x,y)$)

極大値と極小値を合わせて**極値**と呼ぶ.

今,

$$f(x,y) \text{ が } (a,b) \text{ で極値をとる}$$

と仮定すると, 1 変数関数 $z = f(x,b)$ は $x = a$ で極値をとるので, そこでの微分係数は 0 である. すなわち,

$$f_x(a,b) = 0.$$

同様に, $z = f(a,y)$ は $y = b$ で極値をとるので,

$$f_y(a,b) = 0$$

が成り立つ (図 5.5 参照). したがって,

> $f(x,y)$ が (a,b) で極値をとる
> $\implies$
> $f_x(a,b) = f_y(a,b) = 0$

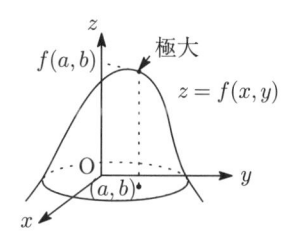

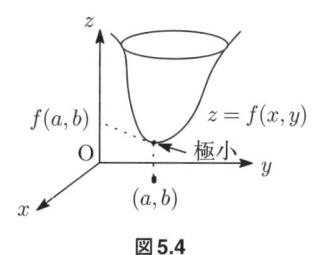

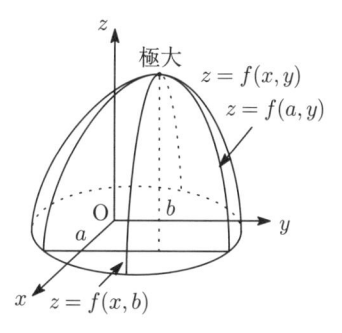

図 5.4

図 5.5

では, $f_x(a,b) = f_y(a,b) = 0$ に加えてどんな条件をみたせば, $f(x,y)$ は (a,b) で極値をとるといえるだろうか? 実は, 第 2 次偏導関数を使った次のような判定法がある.

定理 5.11

関数 $f(x,y)$ が

$$f_x(a,b) = f_y(a,b) = 0$$

をみたすとし,

$$\Delta(a,b) = f_{xx}(a,b)f_{yy}(a,b) - f_{xy}(a,b)^2$$

とおく.

(ⅰ) $\Delta(a,b) > 0$ のとき,

$f_{xx}(a,b) > 0$ ならば, $f(a,b)$ は極小値;

$f_{xx}(a,b) < 0$ ならば, $f(a,b)$ は極大値.

(ⅱ) $\Delta(a,b) < 0$ のとき, $f(a,b)$ は極値ではない.

[**解説**] h, k が十分小さいとき, $(a+h, b+k)$ は (a,b) に十分近い点なので, 極大, 極小の定義より,

$f(a,b)$：極大値 (極小値)
$\iff$
$h, k\ ((h,k) \neq (0,0))$ が十分小さければ常に
$f(a+h, b+k) < f(a,b) \quad (f(a+h, b+k) > f(a,b))$

が成り立つ. $f(a+h, b+k)$ をテイラー展開を使って 2 次式で近似すると,

$$f(a+h, b+k) \fallingdotseq f(a,b) + f_x(a,b)h + f_y(a,b)k$$
$$+ \frac{1}{2}\left\{f_{xx}(a,b)h^2 + 2f_{xy}(a,b)hk + f_{yy}(a,b)k^2\right\}.$$

$\alpha = f_{xx}(a,b),\ \beta = f_{xy}(a,b),\ \gamma = f_{yy}(a,b)$ とおく. 仮定より $f_x(a,b) = f_y(a,b) = 0$ なので,

$$f(a+h, b+k) - f(a,b) \fallingdotseq \frac{1}{2}(\alpha h^2 + 2\beta hk + \gamma k^2).$$

よって, 十分小さい h, k に対して,

$f(a+h, b+k) < f(a,b) \quad (f(a+h, b+k) > f(a,b))$
$\iff$
$\alpha h^2 + 2\beta hk + \gamma k^2 < 0 \quad (\alpha h^2 + 2\beta hk + \gamma k^2 > 0)$

が成り立つ. もし $\alpha \neq 0$ なら, 下の式の左辺を平方完成して,

$$\begin{aligned}\alpha h^2 + 2\beta hk + \gamma k^2 &= \alpha \left(h + \frac{\beta}{\alpha}k\right)^2 + \gamma k^2 - \frac{\beta^2}{\alpha}k^2 \\ &= \alpha \left(h + \frac{\beta}{\alpha}k\right)^2 + \frac{1}{\alpha}(\alpha\gamma - \beta^2)k^2. \end{aligned} \quad (5.10)$$

α と $1/\alpha$ が同符号であることに注意すると, $\Delta = \alpha\gamma - \beta^2$ とおくとき, 次が分かる:

(i) $\Delta > 0$ のとき,
 $\alpha > 0 \implies$ 常に $(5.10) > 0 \implies f(a,b)$: 極小値;
 $\alpha < 0 \implies$ 常に $(5.10) < 0 \implies f(a,b)$: 極大値.

(ii) $\Delta < 0$ のとき,
 h, k によって $(5.10) > 0$ にも $(5.10) < 0$ にもなり得るので, $f(a,b)$ は極値ではない.

これより, 定理を得る. □

注意 5.12

上の解説で, $\Delta = \alpha\gamma - \beta^2 > 0$ のとき, α の正負で場合分けしたが, $\Delta > 0$ ならば, $\alpha > 0 \iff \gamma > 0$ なので, γ の正負で場合分けしても同じである. したがって, 定理 5.11 (i) で, $f_{xx}(a,b)$ を $f_{yy}(a,b)$ に置き換えても同じことが成り立つ.

例題 5.13

$f(x,y) = x^3 - 6xy + y^2$ の極値を求めよ.

(**解**) まず, $f_x(a,b) = f_y(a,b) = 0$ となる点 (a,b) を求めよう.

$$f_x(x,y) = 3x^2 - 6y, \quad f_y(x,y) = -6x + 2y$$

なので, 連立方程式

$$\begin{cases} 3a^2 - 6b = 0, \\ -6a + 2b = 0 \end{cases}$$

つまり,

$$\begin{cases} a^2 - 2b = 0, & (5.11) \\ -3a + b = 0 & (5.12) \end{cases}$$

を解けばよい. (5.12) より $b = 3a$. (5.11) に代入して, $a^2 - 6a = 0$ より, $a = 0, 6$. ゆえに, $(a, b) = (0, 0), (6, 18)$. したがって, 点 $(0, 0)$ と点 $(6, 18)$ でのみ極値をとる可能性がある.

次に, $\Delta(0, 0)$ と $\Delta(6, 18)$ を計算して, 実際に $(0, 0), (6, 18)$ で極値をとるか否かを確認しよう.

$$f_{xx}(x, y) = 6x, \ f_{xy}(x, y) = -6, \ f_{yy}(x, y) = 2$$

であるから,

$$\Delta(x, y) = f_{xx}(x, y) f_{yy}(x, y) - f_{xy}(x, y)^2$$
$$= 6x \cdot 2 - (-6)^2 = 12x - 36.$$

- $(0, 0)$ のとき.

 $\Delta(0, 0) = -36 < 0$ なので, $f(x, y)$ は点 $(0, 0)$ で極値をとらない.

- $(6, 18)$ のとき.

 $\Delta(6, 18) = 72 - 36 = 36 > 0$ で $f_{xx}(6, 18) = 36 > 0$ なので, $f(x, y)$ は $(6, 18)$ で極小であり,

$$f(6, 18) = 6^3 - 6 \cdot 6 \cdot 18 + 18^2$$
$$= 6^2(6 - 18 + 3^2) = 36 \cdot (-3) = -108.$$

したがって, $f(x, y)$ は点 $(6, 18)$ で極小値 -108 をとる. □

問 8

次の関数の極値を求めよ.
(1) $f(x, y) = x^4 - 4xy + 2y^2$ (2) $f(x, y) = xe^{-(x-1)y}$

第5章 章末問題

[**1**] $f(x,y) = \log(x^2 + y^2)$ が, 原点以外で, ラプラス方程式

$$\Delta f = \frac{\partial^2 f}{\partial x^2} + \frac{\partial^2 f}{\partial y^2} = 0$$

をみたすことを示せ.

[**2**] a を 0 でない定数とするとき, $f(x,y) = 3axy - x^3 - y^3$ の極値を求めよ.

[**3**] f, g を何回でも微分可能な 1 変数関数とするとき, $z = xf(ax+by) + yg(ax+by)$ は, 以下の関係式をみたすことを示せ.

$$b^2 \frac{\partial^2 z}{\partial x^2} - 2ab \frac{\partial^2 z}{\partial x \partial y} + a^2 \frac{\partial^2 z}{\partial y^2} = 0$$

[**4**] (1) x–y 平面の極座標変換 $x = r\cos\theta$, $y = r\sin\theta$ を行うとき, 以下の等式を示せ.

$$\frac{\partial f}{\partial r} = \cos\theta \frac{\partial f}{\partial x} + \sin\theta \frac{\partial f}{\partial y}$$

$$\frac{\partial f}{\partial \theta} = -r\sin\theta \frac{\partial f}{\partial x} + r\cos\theta \frac{\partial f}{\partial y}$$

(2) (1) を利用して, 以下の等式を示せ.

$$\frac{\partial^2 f}{\partial x^2} + \frac{\partial^2 f}{\partial y^2} = \frac{\partial^2 f}{\partial r^2} + \frac{1}{r^2} \frac{\partial^2 f}{\partial \theta^2} + \frac{1}{r} \frac{\partial f}{\partial r}$$

[**5**] 変量 X の観測値 $x_1, x_2, \ldots, x_n$ ($n \geq 2$) に対応する変量 Y の観測値をそれぞれ $y_1, y_2, \ldots, y_n$ とし, 点 $(x_1, y_1), (x_2, y_2), (x_3, y_3), \ldots, (x_n, y_n)$ に対し, 直線 $y = ax + b$ を引いて, 自乗誤差の平均値

$$S = \frac{1}{n} \sum_{j=1}^{n} (ax_j + b - y_j)^2$$

を直線の当てはまりの良さの基準にとる. x_j ($j = 1, 2, 3, \ldots, n$) が j によらない定数になることはないものとして, 以下の問に答えよ.

(1) $\dfrac{\partial S}{\partial a} = 0$ かつ $\dfrac{\partial S}{\partial b} = 0$ となる点 (a,b) において, S が極小値をとることを示せ.

(2) S が最小になるようにするとき, そのような直線を求めよ (このような直線は「回帰直線」と呼ばれ, 統計学で多用される).

第6章 ２重積分

6.1 ２重積分

D を長方形の内部

$$\begin{cases} a \le x \le b \\ c \le y \le d \end{cases}$$

や円の内部

$$x^2 + y^2 \le r^2$$

のように，"途切れていない" 図形とする (このような図形を**領域**と呼ぶ). このとき，D と D 上の曲面 $z = f(x, y)$ の間の部分の体積 V を以下のような見方でとらえよう．

まず，D を小さい領域に分割する：

$$D = \bigcup_{i=1}^{n} D_i \; (= D_1 \cup \cdots \cup D_n).$$

各 D_i に対し，D_i の上にある曲面 $z = f(x, y)$ 上の点 (x_i, y_i) を一つとると，D_i の面積を S_i とするとき，D_i と曲面 $z = f(x, y)$ との間の部分の体積 V_i はおよそ

$$f(x_i, y_i) \, S_i$$

に等しい．今，

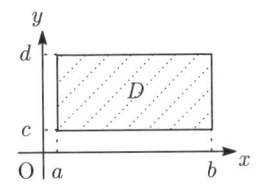

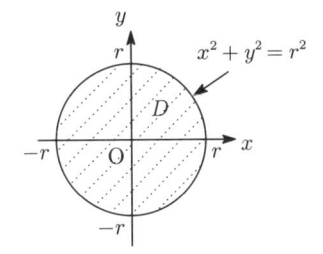

図 6.1

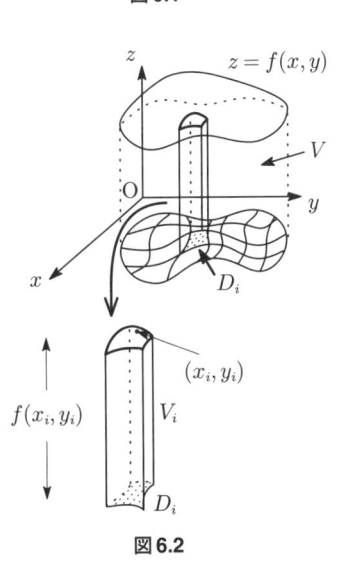

図 6.2

第6章 2重積分

$$V = \sum_{i=1}^{n} V_i \ (= V_1 + \cdots + V_n)$$

なので,

$$V \fallingdotseq \sum_{i=1}^{n} f(x_i, y_i) S_i \tag{6.1}$$

が成り立つ. D の分割をどんどん細かくして $n \to \infty$ とするとき, (6.1) の右辺は V に近づくことが分かる. そこで,

$$\boxed{V = \iint_D f(x, y)\, dxdy}$$

と表し, 右辺を $f(x, y)$ の D 上の **2重積分** と呼ぶ[*1].

2重積分はどのようにして計算されるであろうか? まず, 最もやさしい D が "長方形領域" の場合にその計算方法を説明しよう.

6.2 長方形領域上の積分

D を

$$\begin{cases} a \leq x \leq b \\ c \leq y \leq d \end{cases}$$

で表される長方形領域とする. このとき,

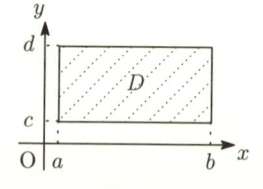

図6.3

$$\boxed{(V =) \iint_D f(x, y)\, dxdy = \int_a^b \left\{ \int_c^d f(x, y)\, dy \right\} dx} \tag{6.2}$$

が成り立つ ({ } 内は, $f(x, y)$ を y だけの関数と思って $c \leq y \leq d$ において積分したものである).

これは, x 座標が "x" のところで切った切り口の面積 $S(x)$ が

[*1] 正確にいうと, これは常に $f(x, y) \geq 0$ の場合の話である. $f(x, y) < 0$ となるような領域上の 2 重積分は, 体積にマイナスをつけたものに等しい.

6.2 長方形領域上の積分

$$\int_c^d f(x,y)\,dy$$

であり,体積は

$$V = \int_a^b S(x)\,dx$$

と表されることから分かる (図 6.4 参照).
(6.2) の右辺のように, 1 変数関数の積分を繰り返す積分を,**累次積分**と呼ぶ.

同様に,

$$(V=)\iint_D f(x,y)\,dxdy = \int_c^d \left\{ \int_a^b f(x,y)\,dx \right\} dy$$

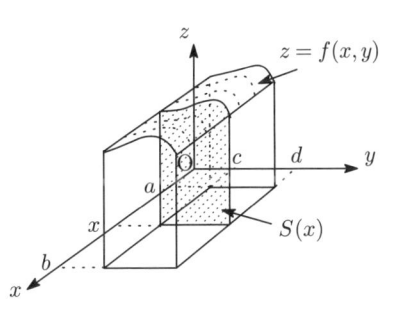

図 6.4

も成り立つ ({ } 内は, $f(x,y)$ を x だけの関数と思って $a \leq x \leq b$ において積分したものである).どちらの方法でも出てくる値は同じなので,計算しやすい方を選ぶとよい.

例題 6.1

次の 2 重積分を計算せよ.

(1) $I = \iint_{\substack{0 \leq x \leq 1 \\ -1 \leq y \leq 0}} (x+y)\,dxdy$ (2) $I = \iint_{\substack{0 \leq x \leq 3 \\ -1 \leq y \leq 1}} x^2 y^2 \,dxdy$

(3) $I = \iint_{\substack{0 \leq x \leq 1 \\ 0 \leq y \leq \pi}} e^x \sin y \,dxdy$ (4) $I = \iint_{\substack{0 \leq x \leq 1 \\ 0 \leq y \leq 1}} \frac{y}{1+xy}\,dxdy$

(**解**) 先に y で積分することにより,計算してみよう.

(1) $\displaystyle I = \int_0^1 \left\{ \int_{-1}^0 (x+y)\,dy \right\} dx$

$\displaystyle = \int_0^1 \left[xy + \frac{1}{2}y^2 \right]_{y=-1}^{y=0} dx \qquad \longleftarrow \frac{\partial}{\partial y}\left(xy + \frac{1}{2}y^2 \right) = x+y$

$\displaystyle = \int_0^1 -\left(-x + \frac{1}{2} \right) dx = \left[\frac{1}{2}x^2 - \frac{1}{2}x \right]_0^1 = 0.$

(2) $\displaystyle I = \int_0^3 \left\{ \int_{-1}^1 x^2 y^2 \, dy \right\} dx$

$\displaystyle \quad = \int_0^3 \left[\frac{1}{3} x^2 y^3 \right]_{y=-1}^{y=1} dx$ ← $\displaystyle \frac{\partial}{\partial y}\left(\frac{1}{3}x^2 y^3\right) = x^2 y^2$

$\displaystyle \quad = \frac{2}{3} \int_0^3 x^2 \, dx$

$\displaystyle \quad = \frac{2}{3} \left[\frac{1}{3} x^3 \right]_0^3 = 6.$

(3) $\displaystyle I = \int_0^1 \left\{ \int_0^\pi e^x \sin y \, dy \right\} dx$

$\displaystyle \quad = \int_0^1 \left[-e^x \cos y \right]_{y=0}^{y=\pi} dx$ ← $\displaystyle \frac{\partial}{\partial y}(-e^x \cos y) = e^x \sin y$

$\displaystyle \quad = (-\cos \pi + \cos 0) \int_0^1 e^x \, dx$

$\displaystyle \quad = 2[e^x]_0^1 = 2(e-1).$

(4) これをもし, 先に y で積分すると,

$$I = \int_0^1 \left\{ \int_0^1 \frac{y}{1+xy} \, dy \right\} dx$$

であるが, 不定積分 $\displaystyle \int \frac{y}{1+xy} \, dy$ の計算は少し面倒である. しかし,

$$\int \frac{y}{1+xy} \, dx = \log|1+xy| + C \qquad \leftarrow \frac{\partial}{\partial x}\log|1+xy| = \frac{1}{1+xy} \cdot y$$

なので, 先に x で積分すると計算が簡単になる.

$\displaystyle I = \int_0^1 \left\{ \int_0^1 \frac{y}{1+xy} \, dx \right\} dy = \int_0^1 \left[\log|1+xy| \right]_{x=0}^{x=1} dy$

$\displaystyle \quad = \int_0^1 \log|1+y| \, dy$

$\displaystyle \quad = \left[(1+y) \log|1+y| \right]_0^1$ ← $\log|1+y|$
$\displaystyle \qquad - \int_0^1 (1+y) \cdot \frac{1}{1+y} \, dy$ $\quad = (1+y)' \cdot \log|1+y|$
と思って部分積分法 !!

$$= 2\log 2 - 1\log 1 - \int_0^1 1\,dy$$
$$= 2\log 2 - [y]_0^1 = 2\log 2 - 1. \qquad \square$$

問1

例題 6.1 の (1), (2), (3) をそれぞれ先に x で積分することにより，計算せよ．

問2

次の2重積分を計算せよ．

(1) $I = \iint_{\substack{1 \leq x \leq 2 \\ -e \leq y \leq -1}} \dfrac{1}{xy}\,dxdy$ (2) $I = \iint_{\substack{0 \leq x \leq 1 \\ 0 \leq y \leq \frac{\pi}{2}}} y\cos(xy)\,dxdy$

6.3 縦(横)線形領域上の積分

領域 D が，x については長方形領域と同様に定数で挟まれており，y については x の関数 $p(x)$ と $q(x)$ で挟まれているとき，すなわち，

$$D : \begin{cases} p(x) \leq y \leq q(x) \\ a \leq x \leq b \end{cases}$$

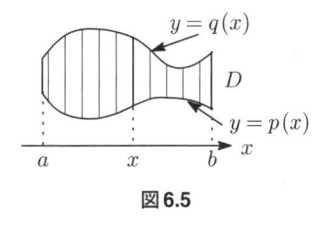

図6.5

のとき，D を**縦線形領域**という (図 6.5 参照)．このとき，長方形領域の場合と同様，

$$\iint_D f(x,y)\,dxdy = \int_a^b \left\{ \int_{p(x)}^{q(x)} f(x,y)\,dy \right\} dx$$

と累次積分を使って計算できる (図 6.6 参照)．

図 6.6

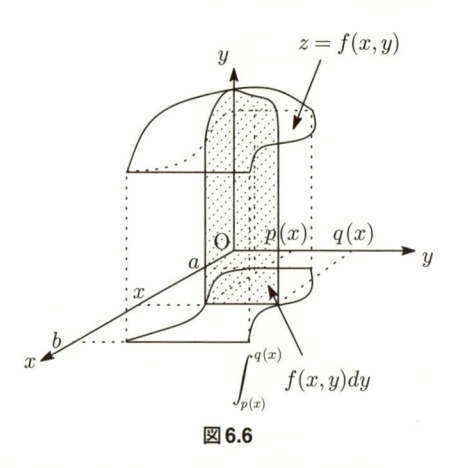

横線形領域

$$D : \begin{cases} p(y) \leq x \leq q(y) \\ c \leq y \leq d \end{cases}$$

についても同様に，

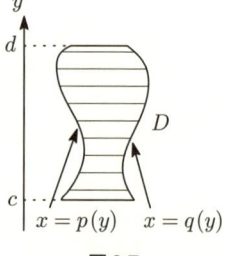

図 6.7

$$\iint_D f(x,y)\,dxdy = \int_c^d \left\{ \int_{p(y)}^{q(y)} f(x,y)\,dx \right\} dy$$

が成り立つ．

例題 6.2

次の 2 重積分を計算せよ．

(1) $I = \iint_D xy^2\,dxdy$, $\quad D : \begin{cases} x + y \leq 1 \\ x \geq 0,\ y \geq 0 \end{cases}$

(2) $I = \iint_D (x+y)\,dxdy$, $\quad D : \begin{cases} x^2 + y^2 \leq 1 \\ x \geq 0,\ y \geq 0 \end{cases}$

6.3 縦 (横) 線形領域上の積分

(**解**) (1) まず領域 D を図示しよう.

$$x+y \leq 1 \iff y \leq -x+1$$

であるから, D は直線 $y = -x+1$ の下側にあり,

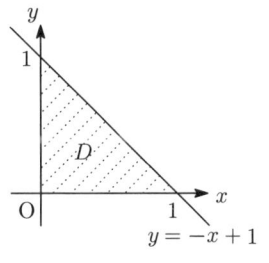

$$x \geq 0,\ y \geq 0$$

より, x 軸の上側, y 軸の右側にある. よって図 6.8 のようになる. これを

$$\begin{cases} p(x) \leq y \leq q(x) \\ a \leq x \leq b \end{cases}$$

図 6.8

の形に表してみよう. y から先に考える. 上で見たように $y \leq -x+1$ であり, 明らかに $y \geq 0$ であるから, D は

$$0 \leq y \leq -x+1 \quad \cdots\cdots D_1$$

の範囲内にある. x に関しては明らかに D は

$$0 \leq x \leq 1 \quad \cdots\cdots D_2$$

の範囲内にある. このとき, D_1 と D_2 の交わりがちょうど D になっている (図 6.9 参照). よって,

$$D : \begin{cases} 0 \leq y \leq -x+1 \\ 0 \leq x \leq 1 \end{cases}$$

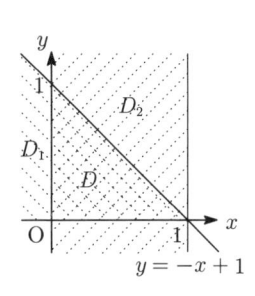

図 6.9

とかき直すことができる.

したがって, 累次積分を使って計算すると,

$$I = \int_0^1 \left\{ \int_0^{-x+1} xy^2\, dy \right\} dx$$

⟵ 先に y で積分!!

$$= \int_0^1 \left[\frac{1}{3}xy^3\right]_{y=0}^{y=-x+1} dx$$

$$= \frac{1}{3}\int_0^1 x(-x+1)^3 \, dx \qquad \longleftarrow (-x+1)^3 = \left(-\frac{1}{4}(-x+1)^4\right)'$$

$$= \frac{1}{3}\left\{\left[x\left(-\frac{1}{4}(-x+1)^4\right)\right]_0^1 - \int_0^1 x'\left(-\frac{1}{4}(-x+1)^4\right) dx\right\}$$

$$= \frac{1}{3}\cdot\frac{1}{4}\int_0^1 (-x+1)^4 \, dx$$

$$= \frac{1}{12}\left[-\frac{1}{5}(-x+1)^5\right]_0^1$$

$$= -\frac{1}{60}(0-1) = \frac{1}{60}.$$

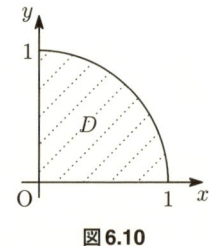

(2) $x^2+y^2 \leq 1$ は円 $x^2+y^2 = 1$ の内部を表すので，D は図 6.10 のようになる．$y \geq 0$ において円周 $x^2+y^2 = 1$ は $y=\sqrt{1-x^2}$ と表せるので，

$$0 \leq y \leq \sqrt{1-x^2} \quad \cdots\cdots D_1$$

また，明らかに

$$0 \leq x \leq 1 \quad \cdots\cdots D_2$$

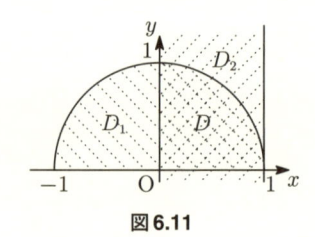

図 6.10

D_1 と D_2 の交わりがちょうど D になっている (図 6.11 参照). よって

$$D : \begin{cases} 0 \leq y \leq \sqrt{1-x^2} \\ 0 \leq x \leq 1 \end{cases}$$

図 6.11

とかき直すことができる．したがって，

$$I = \int_0^1 \left\{\int_0^{\sqrt{1-x^2}} (x+y)\, dy\right\} dx = \int_0^1 \left[xy+\frac{1}{2}y^2\right]_{y=0}^{y=\sqrt{1-x^2}} dx$$

$$= \int_0^1 \left\{x\sqrt{1-x^2}+\frac{1}{2}(1-x^2)\right\} dx$$

$$
\begin{aligned}
&= \int_0^1 x\sqrt{1-x^2}\,dx + \frac{1}{2}\int_0^1 (1-x^2)\,dx \\
&= \left[-\frac{1}{3}(1-x^2)^{\frac{3}{2}}\right]_0^1 + \frac{1}{2}\left[x - \frac{1}{3}x^3\right]_0^1 \quad \longleftarrow \left((1-x^2)^{\frac{3}{2}}\right)' = -3x\sqrt{1-x^2} \\
&= \frac{1}{3} + \frac{1}{2}\cdot\frac{2}{3} = \frac{2}{3}.
\end{aligned}
$$

□

問 3

次の 2 重積分を計算せよ.

(1) $I = \iint_D xy\,dxdy, \quad D : \begin{cases} 2x + y \leq 1 \\ x \geq 0,\, y \geq 0 \end{cases}$

(2) $I = \iint_D y\,dxdy, \quad D : \begin{cases} x^2 - y \leq 0 \\ -x + y \leq 2 \end{cases}$

6.4 変数変換

x, y が u, v の関数として

$$\begin{cases} x = \varphi(u,v), \\ y = \psi(u,v) \end{cases}$$

と表されているとし, また, これによりちょうど

$$E \quad \overset{1:1}{\longleftrightarrow} \quad D$$

$(u\text{-}v \text{ 平面の領域}) \qquad\qquad (x\text{-}y \text{ 平面の領域})$

となっているとする. このとき, 2 重積分

$$\iint_D f(x,y)\,dxdy$$

を u, v で表すことができる.

2重積分の変数変換

$$E \xrightarrow{1:1} D$$
$$(u,v) \longmapsto (\varphi(u,v), \psi(u,v))$$

ならば,

$$\iint_D f(x,y)\,dxdy = \iint_E f(\varphi(u,v),\psi(u,v))|J|\,dudv$$

が成り立つ. ただし,

$$J = \det\begin{pmatrix} \varphi_u & \varphi_v \\ \psi_u & \psi_v \end{pmatrix}$$

← 行列 $\begin{pmatrix} \varphi_u & \varphi_v \\ \psi_u & \psi_v \end{pmatrix}$ の行列式

であり, $|J|$ は J の絶対値である.

[**解説**]

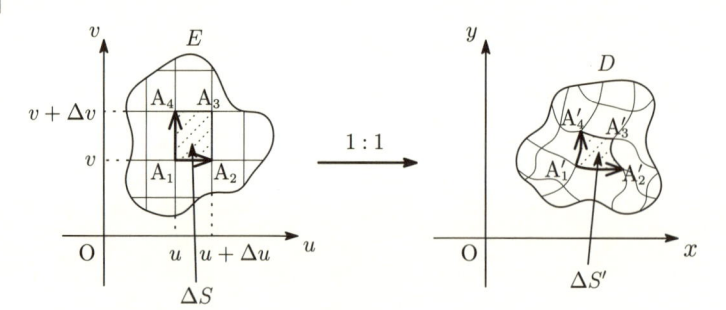

図 6.12

領域 E を小長方形に分割し, 図 6.12 のように一つの長方形の頂点 A_1, A_2, A_3, A_4 をとり, それらに対応する D 上の点を A'_1, A'_2, A'_3, A'_4 とおく. 分割が細かければ, A'_1, A'_2, A'_3, A'_4 で囲まれた図形は, ベクトル $\overrightarrow{A'_1 A'_2}$ と $\overrightarrow{A'_1 A'_4}$ とで作られる平方四辺形に近い (図 6.13 参照).

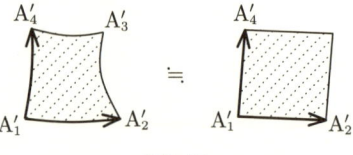

図 6.13

6.4 変数変換

ここで,
$$A_1' = (\varphi(u,v), \psi(u,v)), \ A_2' = (\varphi(u+\Delta u, v), \psi(u+\Delta u, v))$$

より,
$$\overrightarrow{A_1'A_2'} = (\varphi(u+\Delta u, v) - \varphi(u,v), \ \psi(u+\Delta u, v) - \psi(u,v))$$
$$\fallingdotseq (\varphi_u \cdot \Delta u, \ \psi_u \cdot \Delta u)$$

が分かり[*2], 同様に,
$$\overrightarrow{A_1'A_4'} \fallingdotseq (\varphi_v \cdot \Delta v, \ \psi_v \cdot \Delta v)$$

が分かるので,
$$\Delta S' \fallingdotseq \left| \det \begin{pmatrix} \varphi_u \cdot \Delta u & \varphi_v \cdot \Delta v \\ \psi_u \cdot \Delta u & \psi_v \cdot \Delta v \end{pmatrix} \right|$$
$$= \left| \det \begin{pmatrix} \varphi_u & \varphi_v \\ \psi_u & \psi_v \end{pmatrix} \right| \Delta u \Delta v$$
$$= |J| \Delta S$$

⟵ 参考 6.3 参照

が成り立つ. よって,
$$\sum_D f(x,y) \Delta S' \fallingdotseq \sum_E f(\varphi(u,v), \psi(u,v))|J| \Delta S \ \text{[*3]}.$$

ここで $\Delta u, \Delta v \to 0$ とすれば $\Delta S', \Delta S \to 0$ となるので, 2 重積分の定義より
$$\iint_D f(x,y)\,dxdy = \iint_E f(\varphi(u,v), \psi(u,v))|J|\,dudv$$

が分かる. □

[*2] 偏微分の定義
$$\frac{\varphi(u+\Delta u, v) - \varphi(u,v)}{\Delta u} \longrightarrow \varphi_u \quad (\Delta u \to 0)$$
(ψ についても同様) から分かる.

[*3] $\sum_E$ は小長方形が E 全体を動くときの和, $\sum_D$ はそれに対応する D の和を表す.

参考 6.3

二つのベクトル $\vec{\alpha}=(a,c), \vec{\beta}=(b,d)$ の作る平行四辺形の面積 S は,

$$S = \left|\det\begin{pmatrix} a & b \\ c & d \end{pmatrix}\right| (=|ad-bc|)$$

で与えられる. □

問 4

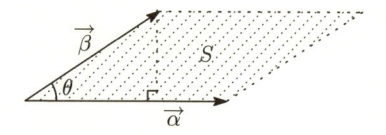

参考 6.3 を証明せよ.

(ヒント：$S=|\vec{\alpha}||\vec{\beta}|\sin\theta$ を使う)

例題 6.4

2 重積分

$$I = \iint_D (x+y)^2(x-y)^5\,dxdy, \quad D : \begin{cases} 0 \leq x+y \leq 1 \\ 0 \leq x-y \leq 1 \end{cases}$$

を $u=x+y, v=x-y$ と変換することにより計算せよ.

(解) $u=x+y, v=x-y$ なので, $E \xleftrightarrow{1:1} D$ となる (u–v 平面の) 領域 E は

$$E : \begin{cases} 0 \leq u \leq 1 \\ 0 \leq v \leq 1 \end{cases}$$

とかける. また, x,y について解くと

$$x = \frac{u+v}{2}(=\varphi(u,v)), \ y = \frac{u-v}{2}(=\psi(u,v))$$

なので, ヤコビアンは

$$J = \det \begin{pmatrix} \dfrac{\partial x}{\partial u} & \dfrac{\partial x}{\partial v} \\ \dfrac{\partial y}{\partial u} & \dfrac{\partial y}{\partial v} \end{pmatrix} = \det \begin{pmatrix} \dfrac{1}{2} & \dfrac{1}{2} \\ \dfrac{1}{2} & -\dfrac{1}{2} \end{pmatrix}$$

$$= -\frac{1}{4} - \frac{1}{4} = -\frac{1}{2}.$$

よって,
$$dxdy = \left| -\frac{1}{2} \right| dudv = \frac{1}{2}\, dudv.$$

ゆえに,
$$I = \iint_E u^2 v^5 \cdot \frac{1}{2}\, dudv$$
$$= \frac{1}{2} \int_0^1 \left\{ \int_0^1 u^2 v^5\, dv \right\} du = \frac{1}{2} \int_0^1 \left[\frac{1}{6} u^2 v^6 \right]_{v=0}^{v=1} du$$
$$= \frac{1}{12} \int_0^1 u^2\, du = \frac{1}{12} \left[\frac{1}{3} u^3 \right]_0^1 = \frac{1}{36}. \qquad \square$$

問 5

2 重積分
$$I = \iint_D e^{x-y} \sin(x+y)\, dxdy, \quad D : \begin{cases} 0 \le x+y \le \dfrac{\pi}{2} \\ 0 \le x-y \le 1 \end{cases}$$

を $u = x+y$, $v = x-y$ と変数変換することにより計算せよ.

6.4.1 極座標変換

特に重要な変数変換は,次の極座標変換である.

図 6.14 のように x–y 平面上の点を原点 O からの距離 r と x 軸の正の向きからの角度 θ を使って表す表示を**極座標表示**という.極座標表示により,x–y 平面上のすべての点 (x,y) は,

$$x = r\cos\theta, \ y = r\sin\theta$$

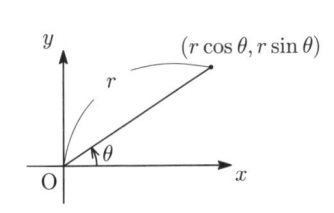

図 6.14

$$r \geq 0, \ 0 \leq \theta \leq 2\pi \quad (\text{または} \ -\pi \leq \theta \leq \pi)$$

と表すことができる．このような変数変換を**極座標変換**と呼ぶ．極座標変換により

$$|J| = \left|\det \begin{pmatrix} \dfrac{\partial x}{\partial r} & \dfrac{\partial x}{\partial \theta} \\ \dfrac{\partial y}{\partial r} & \dfrac{\partial y}{\partial \theta} \end{pmatrix}\right|$$

$$= \left|\det \begin{pmatrix} \cos\theta & -r\sin\theta \\ \sin\theta & r\cos\theta \end{pmatrix}\right|$$

$$= \left|r(\cos^2\theta + \sin^2\theta)\right| = |r| = r$$

となるので，

$$\begin{array}{ccc} E & \xrightarrow{1:1} & D \\ (r,\theta) & \longmapsto & (r\cos\theta, r\sin\theta) \end{array}$$

なる E をとれば，変数変換の公式から次を得る．

---

2 重積分の極座標変換

極座標変換により $E \xleftrightarrow{1:1} D$ のとき，

$$\iint_D f(x,y)\,dxdy = \iint_E f(r\cos\theta, r\sin\theta)\,r\,drd\theta$$

が成り立つ．

例題 6.5

極座標変換により，2 重積分

$$I = \iint_D (x^2 + y^2)\,dxdy, \quad D : x^2 + y^2 \leq 1$$

を計算せよ．

(**解**) $x = r\cos\theta, \ y = r\sin\theta \ (r \geq 0, \ 0 \leq \theta \leq 2\pi)$ により，

となるので，

$$x^2 + y^2 = r^2\cos^2\theta + r^2\sin^2\theta$$
$$= r^2(\cos^2\theta + \sin^2\theta) = r^2$$

$$x^2 + y^2 \leq 1 \iff r^2 \leq 1 \iff -1 \leq r \leq 1.$$

$r \geq 0$ なので，$0 \leq r \leq 1$. θ については制限がないので，$0 \leq \theta \leq 2\pi$. よって，$E \xrightarrow{1:1} D$ となる (r–θ 平面の) 領域 E は

$$E : \begin{cases} 0 \leq r \leq 1 \\ 0 \leq \theta \leq 2\pi \end{cases}$$

図 6.15

とかける．また，極座標変換のヤコビアンは $r\,(\geq 0)$ なので，

$$dxdy = r\,drd\theta.$$

ゆえに，

$$I = \iint_E r^2 \cdot r\,drd\theta$$
$$= \int_0^1 \left\{\int_0^{2\pi} r^3\,d\theta\right\}dr = \int_0^1 r^3\,[\theta]_{\theta=0}^{\theta=2\pi}\,dr$$
$$= \int_0^1 2\pi r^3\,dr = 2\pi\left[\frac{1}{4}r^4\right]_0^1 = \frac{\pi}{2}.$$

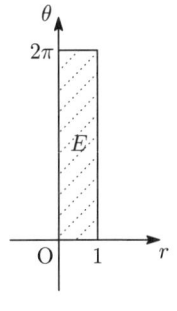

図 6.16

□

問 6

極座標変換により，次の 2 重積分を計算せよ．

(1) $I = \iint_D \sqrt{x^2+y^2}\,dxdy, \qquad D : x^2 + y^2 \leq 2.$

(2) $I = \iint_D \dfrac{x}{x^2+y^2}\,dxdy, \qquad D : x^2 + y^2 \leq x.$

$D : x^2 + y^2 \leq x$

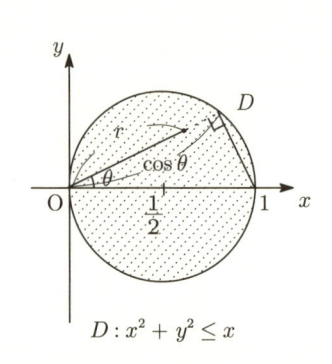

6.5 2重積分の応用

6.5.1 体　積

曲面 $z = f(x, y)$, $z = g(x, y)$ が常に

$$f(x, y) \geq g(x, y)$$

をみたすとき，領域 D 上それらの曲面の間の部分の体積 V は

$$V = \iint_D \{f(x, y) - g(x, y)\}\, dxdy$$

で与えられる．

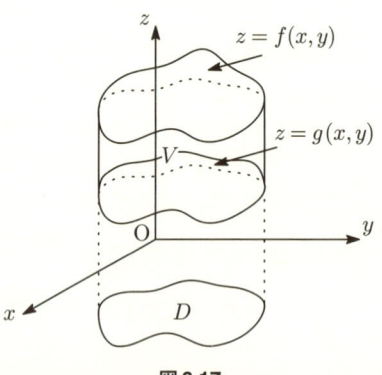

図 6.17

例題 6.6

$x^2 + y^2 + z^2 \leq 4$ と $z \geq 1$ の交わりの部分の体積 V を求めよ．

(**解**) V は球面 $x^2 + y^2 + z^2 = 4$ と平面 $z = 1$ とで囲まれた部分の体積で，それは $x^2 + y^2 + 1 \leq 4$, つまり，円板

$$D : x^2 + y^2 \leq 3$$

の上にある．

6.5 2重積分の応用

$$x^2 + y^2 + z^2 = 4$$
$$\iff z^2 = 4 - x^2 - y^2$$
$$\iff z = \sqrt{4 - x^2 - y^2}$$
$$(z > 0)$$

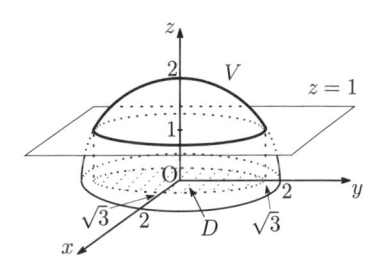

なので，

$$V = \iint_D \left(\sqrt{4 - x^2 - y^2} - 1 \right) dxdy.$$

図 6.18

極座標変換

$$x = r\cos\theta,\ y = r\sin\theta\ (r \geq 0, 0 \leq \theta \leq 2\pi)$$

により

$$x^2 + y^2 \leq 3 \iff r^2 \leq 3$$
$$\iff 0 \leq r \leq \sqrt{3}$$
$$(r \geq 0)$$

なので，

$$D \xleftrightarrow{1:1} E : \begin{cases} 0 \leq r \leq \sqrt{3} \\ 0 \leq \theta \leq 2\pi. \end{cases}$$

$dxdy = r\,drd\theta$ に注意すると，

$$V = \iint_E \left(\sqrt{4 - r^2} - 1 \right) r\,drd\theta$$
$$= \int_0^{\sqrt{3}} \left\{ \int_0^{2\pi} \left(r\sqrt{4 - r^2} - r \right) d\theta \right\} dr$$
$$= \int_0^{\sqrt{3}} \left(r\sqrt{4 - r^2} - r \right) [\theta]_{\theta=0}^{\theta=2\pi} dr$$
$$= 2\pi \int_0^{\sqrt{3}} \left(r\sqrt{4 - r^2} - r \right) dr$$
$$= 2\pi \left[-\frac{1}{3}(4 - r^2)^{\frac{3}{2}} - \frac{1}{2}r^2 \right]_0^{\sqrt{3}}$$

← $\left((4 - r^2)^{\frac{3}{2}} \right)' = -3r\sqrt{4 - r^2}$

$$= 2\pi \left\{ \left(-\frac{1}{3} - \frac{3}{2} \right) - \left(-\frac{1}{3} \cdot 4^{\frac{3}{2}} - 0 \right) \right\}$$
$$= 2\pi \left(-\frac{1}{3} - \frac{3}{2} + \frac{8}{3} \right) = \frac{5}{3}\pi. \qquad \square$$

問 7

$z \geq x^2 + y^2$ と $z \leq 1$ の交わりの部分の体積 V を求めよ．

6.5.2 表 面 積

1 変数関数の場合，

$$\text{曲線} = \text{"折れ線"の極限}$$

と考えて，曲線 $y = f(x)$ $(a \leq x \leq b)$ の長さ l を

$$l = \int_a^b \sqrt{1 + \{f'(x)\}^2}\, dx$$

と積分で表すことができた (4.9 節参照)．同じように，2 変数関数では，

$$\text{曲面} = \text{"小パネルを貼り合わせたもの"の極限}$$

と見ることにより，曲面の表面積を 2 重積分で表すことができる．

曲面の表面積

領域 D 上の曲面 $z = f(x,y)$ の表面積 S は

$$S = \iint_D \sqrt{1 + \{f_x(x,y)\}^2 + \{f_y(x,y)\}^2}\, dxdy \qquad (6.3)$$
$$\left(= \iint_D \sqrt{1 + z_x^2 + z_y^2}\, dxdy \right)$$

で与えられる．

6.5 2重積分の応用

[**解説**] D を小長方形に分割し、図 6.19 のように、小長方形 A の上にある曲面の部分（"小パネル"）を A' とする。分割が細かければ、A' はベクトル $\overrightarrow{PQ}$ と $\overrightarrow{PR}$ とで作られる平行四辺形 A'' に近い。ここで、

$$P = (a, b, f(a, b)),$$
$$Q = (a+h, b, f(a+h, b)),$$
$$R = (a, b+k, f(a, b+k))$$

より、

$$\overrightarrow{PQ} = (h, 0, f(a+h, b) - f(a, b))$$
$$\fallingdotseq (h, 0, f_x(a, b) \cdot h),$$
$$\overrightarrow{PR} = (0, k, f(a, b+k) - f(a, b))$$
$$\fallingdotseq (0, k, f_y(a, b) \cdot k)$$

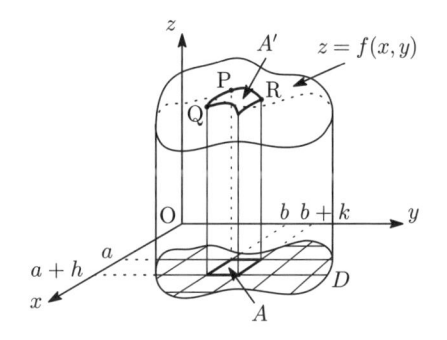

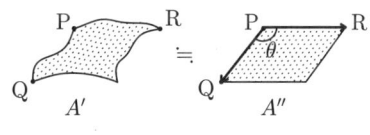

$$\leftarrow \frac{f(a+h, b) - f(a, b)}{h} \rightarrow f_x(a, b) \ (h \rightarrow 0)$$

$$\leftarrow \frac{f(a, b+k) - f(a, b)}{k} \rightarrow f_y(a, b) \ (k \rightarrow 0)$$

なので、

$$\left|\overrightarrow{PQ}\right|^2 \fallingdotseq h^2 \left(1 + \{f_x(a, b)\}^2\right),$$
$$\left|\overrightarrow{PR}\right|^2 \fallingdotseq k^2 \left(1 + \{f_y(a, b)\}^2\right),$$
$$\overrightarrow{PQ} \cdot \overrightarrow{PR} \fallingdotseq hk f_x(a, b) f_y(a, b).$$

図 6.19

よって、$\angle QPR = \theta$ とおくと、

$$A''\text{の面積} = \left|\overrightarrow{PQ}\right|\left|\overrightarrow{PR}\right| \sin\theta = \left|\overrightarrow{PQ}\right|\left|\overrightarrow{PR}\right|\sqrt{1 - \cos^2\theta}$$
$$= \sqrt{\left|\overrightarrow{PQ}\right|^2 \left|\overrightarrow{PR}\right|^2 - \left|\overrightarrow{PQ}\right|^2 \left|\overrightarrow{PR}\right|^2 \cos^2\theta}$$
$$= \sqrt{\left|\overrightarrow{PQ}\right|^2 \left|\overrightarrow{PR}\right|^2 - \left(\overrightarrow{PQ} \cdot \overrightarrow{PR}\right)^2}$$
$$\fallingdotseq hk\sqrt{(1 + \{f_x(a, b)\}^2)(1 + \{f_y(a, b)\}^2) - \{f_x(a, b)\}^2\{f_y(a, b)\}^2}$$

$$= hk\sqrt{1 + \{f_x(a,b)\}^2 + \{f_y(a,b)\}^2}.$$

したがって，小パネル A'' 全体の面積は，およそ

$$\sum_D \sqrt{1 + \{f_x(a,b)\}^2 + \{f_y(a,b)\}^2}\, hk \quad {}^{*4} \tag{6.4}$$

であることが分かる．ここで，分割をどんどん細かくして $h, k \to 0$ とするとき，小パネル全体の面積は S に近づき，また (6.4) は

$$\iint_D \sqrt{1 + \{f_x(x,y)\}^2 + \{f_y(x,y)\}^2}\, dxdy$$

に近づくことが分かるので，(6.3) を得る． □

例題 6.7

曲面 $x^2 + y^2 + z^2 = 1 \quad (z \geq 0)$ の表面積 S を求めよ．

(**解**) 曲面は 円板 $D : x^2 + y^2 \leq 1$ の上にあり，$z \geq 0$ であるから，

$$x^2 + y^2 + z^2 = 1$$
$$\iff z = \sqrt{1 - x^2 - y^2}.$$

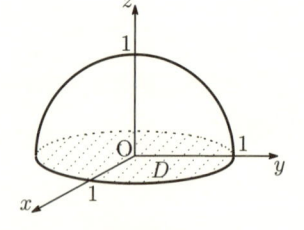

ここで，

図 6.20

$$z_x = \frac{-2x}{2\sqrt{1-x^2-y^2}} = -\frac{x}{\sqrt{1-x^2-y^2}},$$
$$z_y = \frac{-2y}{2\sqrt{1-x^2-y^2}} = -\frac{y}{\sqrt{1-x^2-y^2}}$$

であるから，

$$S = \iint_D \sqrt{1 + z_x^2 + z_y^2}\, dxdy$$
$$= \iint_D \sqrt{1 + \frac{x^2}{1-x^2-y^2} + \frac{y^2}{1-x^2-y^2}}\, dxdy$$

${}^{*4}\ \displaystyle\sum_D$ は小長方形 A が D 全体を動くときの和を表す．

$$= \iint_D \frac{1}{\sqrt{1-x^2-y^2}}\,dxdy.$$

極座標変換

$$x = r\cos\theta,\ y = r\sin\theta \quad (r \geq 0, 0 \leq \theta \leq 2\pi)$$

により

$$x^2 + y^2 \leq 1 \Longleftrightarrow 0 \leq r \leq 1$$

であるから,

$$D \stackrel{1:1}{\longleftrightarrow} E : \begin{cases} 0 \leq r \leq 1 \\ 0 \leq \theta \leq 2\pi. \end{cases}$$

ゆえに,

$$\begin{aligned}
S &= \iint_E \frac{1}{\sqrt{1-r^2}} r\,drd\theta \\
&= \int_0^1 \left\{ \int_0^{2\pi} \frac{r}{\sqrt{1-r^2}}\,d\theta \right\} dr \\
&= 2\pi \int_0^1 \frac{r}{\sqrt{1-r^2}}\,dr \\
&= 2\pi \left[-\sqrt{1-r^2} \right]_0^1 \\
&= 2\pi.
\end{aligned}$$

⟵ 半径 1 の球の表面積の半分!!

□

問 8

曲面 $z = x^2 + y^2$ $(z \leq 1)$ の表面積 S を求めよ.

第6章 章末問題

[**1**] 以下の2重積分の値を求めよ．

(1) $\iint_D \dfrac{x}{x^2+y^2}\,dxdy, \quad D: y \geq \dfrac{x^2}{4},\ y \leq x,\ x \geq 1$

(2) $\iint_D (x^2+y^2)\,dxdy, \quad D: \dfrac{x^2}{a^2} + \dfrac{y^2}{b^2} \leq 1\ (a>0,\ b>0)$

[**2**] 次の積分の積分順序を交換せよ．

(1) $\displaystyle\int_0^1 \left\{ \int_{y^2}^{\sqrt{y}} f(x,y)\,dx \right\} dy$ (2) $\displaystyle\int_0^1 \left\{ \int_{\sqrt{1-x^2}}^{x+2} f(x,y)\,dy \right\} dx$

[**3**] (1) $x-2 = r\cos\theta,\ y = r\sin\theta$ と変数変換することにより，以下の2重積分を計算せよ．

$$\iint_D xy\,dxdy, \quad D: (x-2)^2 + y^2 \leq 4,\ y \geq 0$$

(2) うまく変数変換して，以下の2重積分を計算せよ．

$$\iint_D xy\,dxdy, \quad D: (x-1)^2 + (y-2)^2 \leq 1$$

[**4**] x–z 平面上の円 $(x-R)^2 + z^2 = r^2\ (0 < r < R)$ を z 軸の周りに一回転してできる回転体（輪環面）の表面積を求めたい．

(1) 輪環面の方程式が，

$$x = (R + r\cos\theta)\cos\varphi, \quad y = (R + r\cos\theta)\sin\varphi, \quad z = r\sin\theta$$

$(0 \leq \theta \leq 2\pi,\ 0 \leq \varphi \leq 2\pi)$

とかけることを示せ．また，この式を利用して，z を x, y の式で表せ．

(2) 輪環面の表面積は，二つの円の周長の積

$$2\pi r \times 2\pi R = 4\pi^2 rR$$

に等しいことを示せ．

問の略解・章末問題の解答

第1章

問1 (1) a^5 (2) a^6 (3) $a^4 b^6$

問2 (1) a^{-1} (2) a^{-6} (3) $a^{-6}b^{-3}$ (4) $a^{-9}b^6$

問3 (1) $a^{\frac{1}{6}}$ (2) $a^{-\frac{1}{4}}$ (3) $a^{-1}b^{\frac{2}{3}}$ (4) $a^{-1}b^{\frac{1}{6}}$

問4 (1) $y = \log_2 8$ とおくと, $2^y = 8$. $\therefore\ y = 3$ (2) 2 (3) $\dfrac{1}{2}$ (4) -1

問5 (1) $\log_2 15$ (2) 1 (3) 3 (4) $\dfrac{5}{2}$

問6 (1) 1 (2) $\dfrac{1}{2}$ (3) $\log_2 3$

第2章

問1 (1) $\sin\theta = \dfrac{1}{2},\ \cos\theta = \dfrac{\sqrt{3}}{2},\ \tan\theta = \dfrac{1}{\sqrt{3}}$

(2) $\sin\theta = \dfrac{1}{\sqrt{2}},\ \cos\theta = \dfrac{1}{\sqrt{2}},\ \tan\theta = 1$

問2 $\sin 30° = \dfrac{1}{2},\ \cos 30° = \dfrac{\sqrt{3}}{2},\ \tan 30° = \dfrac{1}{\sqrt{3}}$,

$\sin 45° = \dfrac{1}{\sqrt{2}},\ \cos 45° = \dfrac{1}{\sqrt{2}},\ \tan 45° = 1$,

$\sin 60° = \dfrac{\sqrt{3}}{2},\ \cos 60° = \dfrac{1}{2},\ \tan 60° = \sqrt{3}$

問3 略

問4 (1) $\dfrac{\pi}{6}$ (2) $\dfrac{\pi}{4}$ (3) $\dfrac{\pi}{3}$ (4) $\dfrac{\pi}{2}$ (5) $\dfrac{3}{2}\pi$ (6) 2π

問5 $1 + \tan^2\theta = 1 + \dfrac{\sin^2\theta}{\cos^2\theta} = \dfrac{\cos^2\theta + \sin^2\theta}{\cos^2\theta} = \dfrac{1}{\cos^2\theta}$

問6 (1) 2π (2) $\dfrac{\pi}{2}$

(3) $\cos(x+\pi) = -\cos x$ より, $\cos^2(x+\pi) = \cos^2 x$. $\therefore$ 周期 π

問7 $\sin\dfrac{7}{12}\pi = \sin\dfrac{\pi}{3}\cos\dfrac{\pi}{4} + \cos\dfrac{\pi}{3}\sin\dfrac{\pi}{4} = \dfrac{\sqrt{2}(\sqrt{3}+1)}{4}$,

139

$\cos\dfrac{7}{12}\pi = \dfrac{\sqrt{2}(1-\sqrt{3})}{4},\ \tan\dfrac{7}{12}\pi = -2-\sqrt{3}$

問 8 (1) $\sin(\alpha+\beta) = \sin\alpha\cos\beta + \cos\alpha\sin\beta$,
$\sin(\alpha-\beta) = \sin\alpha\cos\beta - \cos\alpha\sin\beta$
の辺々を加えると, $\sin(\alpha+\beta) + \sin(\alpha-\beta) = 2\sin\alpha\cos\beta$. $A = \alpha+\beta$, $B = \alpha-\beta$ とおくと $\alpha = \dfrac{A+B}{2}$, $\beta = \dfrac{A-B}{2}$ なので, (1) が分かる ((2)〜(4) も同様)

問 9 略

問 10 (1) $2\cos\left(x + \dfrac{a}{2}\right)\sin\dfrac{a}{2}$ (2) $\dfrac{1}{2}(\sin 2x + \sin 2a)$

問 11 (1) $\sin 3\theta = \sin(2\theta + \theta) = \sin 2\theta\cos\theta + \cos 2\theta\sin\theta$
$= 2\sin\theta(1-\sin^2\theta) + (1-2\sin^2\theta)\sin\theta = 3\sin\theta - 4\sin^3\theta$ ((2) も同様)

問 12 (1) 0 (2) $\dfrac{\pi}{2}$ (3) 0 (4) $\dfrac{\pi}{2}$ (5) 0 (6) $\dfrac{\pi}{4}$
(7) $-\dfrac{\pi}{2}$ (8) π (9) $-\dfrac{\pi}{4}$ (10) $\dfrac{\pi}{6}$ (11) $\dfrac{\pi}{3}$ (12) $\dfrac{\pi}{6}$

第3章

問 1 (1) $\dfrac{2}{3}$ (2) $\dfrac{3}{4}$

問 2 (1) $t = -x$ とおくと,

$$\left(1+\dfrac{1}{x}\right)^x = \left(\dfrac{t}{t-1}\right)^t = \left(1+\dfrac{1}{t-1}\right)^{t-1}\left(1+\dfrac{1}{t-1}\right)$$

$x \to -\infty$ のとき $t \to \infty$ なので,

$$\lim_{x\to-\infty}\left(1+\dfrac{1}{x}\right)^x = \lim_{t\to\infty}\left(1+\dfrac{1}{t-1}\right)^{t-1}\left(1+\dfrac{1}{t-1}\right) = e\cdot 1 = e$$

(2) $t = \dfrac{1}{x}$ とおくと, $(1+x)^{\frac{1}{x}} = \left(1+\dfrac{1}{t}\right)^t$. $x \to 0$ のとき $t \to \infty$ または $t \to -\infty$ なので, 定義と (1) より, いずれにしても $\left(1+\dfrac{1}{t}\right)^t \to e$. $\therefore\ \lim_{x\to 0}(1+x)^{\frac{1}{x}} = e$

(3) (2) より, $\lim_{x\to 0}\dfrac{\log(1+x)}{x} = \lim_{x\to 0}\log(1+x)^{\frac{1}{x}} = \log e = 1$

(4) $t = e^x - 1$ とおくと $e^x = 1 + t$ より $x = \log(1+t)$ なので,

$$\dfrac{e^x - 1}{x} = \dfrac{t}{\log(1+t)} = \dfrac{1}{\log(1+t)^{\frac{1}{t}}}$$

$x \to 0$ のとき $t \to 0$ なので,

$$\lim_{x \to 0} \frac{e^x - 1}{x} = \lim_{t \to 0} \frac{1}{\log(1+t)^{\frac{1}{t}}} = \frac{1}{\log e} = 1$$

問 3 (1) △POA の面積 < 扇形 POA の面積 < △TOA の面積なので，$\dfrac{\sin x}{2} < \pi \cdot \dfrac{x}{2\pi} < \dfrac{\tan x}{2}$. ∴ $\sin x < x < \tan x$

(2) (1) より，$0 < x < \dfrac{\pi}{2}$ のとき，$\dfrac{\sin x}{x} < 1$, $1 < \dfrac{\tan x}{x} = \dfrac{\sin x}{x} \cdot \dfrac{1}{\cos x}$，すなわち，

$$\cos x < \frac{\sin x}{x} < 1 \qquad (*)$$

$\lim_{x \to 0} \cos x = 1$ なので，$x > 0$ のとき $\lim_{x \to 0} \dfrac{\sin x}{x} = 1$. $-\dfrac{\pi}{2} < x < 0$ のとき，$0 < -x < \dfrac{\pi}{2}$ なので，(*) より $\cos(-x) < \dfrac{\sin(-x)}{-x} < 1$, すなわち，$\cos x < \dfrac{\sin x}{x} < 1$. よって，$x < 0$ のときも $\lim_{x \to 0} \dfrac{\sin x}{x} = 1$. 以上より，$\lim_{x \to 0} \dfrac{\sin x}{x} = 1$

問 4 (1) $t = \dfrac{1}{x}$ とおくと $x \to \infty$ のとき $t \to 0$ なので，

$$\lim_{x \to \infty} x \sin \frac{1}{x} = \lim_{t \to 0} \frac{\sin t}{t} = 1$$

(2) $t = ax$ とおくと $x \to 0$ のとき $t \to 0$ なので，

$$\lim_{x \to 0} \frac{\sin ax}{x} = \lim_{t \to 0} \frac{\sin t}{t} \cdot a = a$$

(3) $\lim_{x \to 0} \dfrac{1 - \cos x}{x^2} = \lim_{x \to 0} \dfrac{1 - \cos^2 x}{x^2(1 + \cos x)} = \lim_{x \to 0} \dfrac{\sin^2 x}{x^2} \cdot \dfrac{1}{1 + \cos x} = \dfrac{1}{2}$

問 5 $(\cos x)' = \lim_{h \to 0} \dfrac{\cos(x+h) - \cos x}{h} = \lim_{h \to 0} \dfrac{-2\sin\left(x + \frac{h}{2}\right)\sin\frac{h}{2}}{h}$

$= -\lim_{h \to 0} \sin\left(x + \dfrac{h}{2}\right) \cdot \dfrac{\sin\frac{h}{2}}{\frac{h}{2}} = -\sin x$

問 6 (1)

(i) $\{kf(x)\}' = \lim_{h \to 0} \dfrac{kf(x+h) - kf(x)}{h}$

$= k \lim_{h \to 0} \dfrac{f(x+h) - f(x)}{h} = kf'(x)$

(ii) $\{f(x) + g(x)\}' = \lim_{h \to 0} \dfrac{\{f(x+h) + g(x+h)\} - \{f(x) + g(x)\}}{h}$

$= \lim_{h \to 0} \left\{ \dfrac{f(x+h) - f(x)}{h} + \dfrac{g(x+h) - g(x)}{h} \right\}$

$= \lim_{h \to 0} \dfrac{f(x+h) - f(x)}{h} + \lim_{h \to 0} \dfrac{g(x+h) - g(x)}{h}$

$= f'(x) + g'(x)$

$(f(x) - g(x)$ についても同様)

(2) $\left\{\dfrac{f(x)}{g(x)}\right\}'$

$= \lim_{h \to 0} \dfrac{\dfrac{f(x+h)}{g(x+h)} - \dfrac{f(x)}{g(x)}}{h}$

$= \lim_{h \to 0} \dfrac{1}{g(x+h)g(x)} \cdot \dfrac{f(x+h)g(x) - f(x)g(x+h)}{h}$

$= \lim_{h \to 0} \dfrac{1}{g(x+h)g(x)} \left\{ \dfrac{f(x+h) - f(x)}{h} \cdot g(x) - f(x) \cdot \dfrac{g(x+h) - g(x)}{h} \right\}$

$= \dfrac{1}{\{g(x)\}^2} \{f'(x)g(x) - f(x)g'(x)\}$

問 7 (1) $3ax^2 + 2bx + c$ (2) $e^x(\sin x + \cos x)$ (3) $-\dfrac{1}{\sin^2 x}$

問 8 (1) $g(x) = 3x, \ f(u) = e^u$ (2) $g(x) = \sin x, \ f(u) = u^3$

問 9 (1) $4(3x^2 - x + 2)^3(6x - 1)$ (2) ae^{ax} (3) $3\cos 3x$ (4) $a\cos ax$

(5) $-3\sin 3x$ (6) $-a\sin ax$ (7) $\dfrac{3}{\cos^2 3x}$ (8) $\dfrac{a}{\cos^2 ax}$

(9) $(-4x+1)e^{-2x^2+x}$ (10) $-3\cos^2 x \sin x$ (11) $\dfrac{3\tan^2 x}{\cos^2 x} \left(= \dfrac{3\sin^2 x}{\cos^4 x}\right)$

(12) $6(-e^{-3x} + 2x^2)(e^{-3x} + 2x^3)$

問 10 (1) $\dfrac{1}{x}$ (2) $\dfrac{1}{x}$ (3) $\dfrac{\cos x}{\sin x} \left(= \dfrac{1}{\tan x}\right)$ (4) $\dfrac{1}{\sin x \cos x} \left(= \dfrac{2}{\sin 2x}\right)$

(5) $\dfrac{2}{x^2+1} - \dfrac{\log(x^2+1)}{x^2}$ (6) $\cos x \cdot \log(e^x + 1) + \dfrac{e^x \sin x}{e^x + 1}$

問 11 (1) $y' = x^{x^2+1}(2\log x + 1)$

(2) $y' = \dfrac{(x-1)^2(x+2)^3}{(x+1)^4} \left(\dfrac{2}{x-1} + \dfrac{3}{x+2} - \dfrac{4}{x+1} \right)$

問 12 (1) $\dfrac{3}{\sqrt{1-9x^2}}$ (2) $\dfrac{a}{\sqrt{1-a^2x^2}}$ (3) $-\dfrac{3}{\sqrt{1-9x^2}}$ (4) $-\dfrac{a}{\sqrt{1-a^2x^2}}$

(5) $\dfrac{3}{1+9x^2}$ (6) $\dfrac{a}{1+a^2x^2}$ (7) $-\dfrac{1}{|x|\sqrt{x^2-1}}$ (8) $-\dfrac{1}{x^2+1}$

(9) $-\dfrac{1}{(\sin^{-1}x)^2\sqrt{1-x^2}}$ (10) $-\dfrac{1}{(\tan^{-1}x)^2(1+x^2)}$ (11) $\dfrac{2\sin^{-1}x}{\sqrt{1-x^2}}$

(12) $\dfrac{2\tan^{-1}x}{1+x^2}$

問 13 (1) 2 (2) 0 (3) 1 (4) 0

問 14 (1) $k(k-1)\cdots(k-n+1)x^{k-n}$ (2) $a^n e^{ax}$ (3) $a^n \sin\left(ax + \dfrac{n}{2}\pi\right)$

問の略解・章末問題の解答　　　143

問 15 (1) $x^2 e^x = x^2 + \dfrac{1}{1!}x^3 + \dfrac{1}{2!}x^4 + \cdots + \dfrac{1}{n!}x^{n+2} + \cdots$

(2) $\dfrac{e^x - e^{-x}}{2} = x + \dfrac{1}{3!}x^3 + \cdots + \dfrac{1}{(2k+1)!}x^{2k+1} + \cdots$

(3) $f(x) = e^x$ とおくと $f(ax) = e^{ax}$ なので, 公式 (1) の x を ax で置き換えて,
$$e^{ax} = 1 + \dfrac{1}{1!}ax + \dfrac{1}{2!}(ax)^2 + \dfrac{1}{3!}(ax)^3 + \cdots + \dfrac{1}{n!}(ax)^n + \cdots$$

(4) $\sin ax = ax - \dfrac{1}{3!}(ax)^3 + \dfrac{1}{5!}(ax)^5 - \cdots + \dfrac{(-1)^k}{(2k+1)!}(ax)^{2k+1} + \cdots$

問 16 (1) $\dfrac{f^{(n)}(0)}{n!} = (-1)^n$ であることから分かる.

(2) $g(x) = f(x^2)$ なので, (1) の式の x を x^2 で置き換えればよい.

問 17 $\cos\theta = \dfrac{e^{i\theta} + e^{-i\theta}}{2}$, $\sin\theta = \dfrac{e^{i\theta} - e^{i\theta}}{2i}$

問 18 1.467

問 19 (y', y'' のみ記す)

(1) $y' = 3x^2 - 1 = 3\left(x + \dfrac{1}{\sqrt{3}}\right)\left(x - \dfrac{1}{\sqrt{3}}\right)$, $y'' = 6x$

(2) $y' = \dfrac{2x^2 + 1}{\sqrt{x^2 + 1}}$, $y'' = \dfrac{x(2x^2 + 3)}{(x^2 + 1)^{\frac{3}{2}}}$

(3) $y' = -2xe^{-x^2}$, $y'' = 2(2x^2 - 1)e^{-x^2} = 4\left(x + \dfrac{1}{\sqrt{2}}\right)\left(x - \dfrac{1}{\sqrt{2}}\right)e^{-x^2}$

(4) $y' = -(x-1)e^{-x}$, $y'' = (x-2)e^{-x}$

(5) $y' = -(2x^2 - 1)e^{-x^2} = -2\left(x + \dfrac{1}{\sqrt{2}}\right)\left(x - \dfrac{1}{\sqrt{2}}\right)e^{-x^2}$,
$y'' = 2x(2x^2 - 3)e^{-x^2} = 4x\left(x + \sqrt{\dfrac{3}{2}}\right)\left(x - \sqrt{\dfrac{3}{2}}\right)e^{-x^2}$

(6) (真数条件より $x > 0$ に注意)
$y' = -\dfrac{\log x - 1}{x^2} = -\dfrac{\log(\frac{x}{e})}{x^2}$ ($y' = 0 \iff x = e$),
$y'' = \dfrac{2\log x - 3}{x^3} = \dfrac{\log(\frac{x^2}{e^3})}{x^3}$ ($y'' = 0 \iff x = e^{\frac{3}{2}}$)

第 3 章 章末問題

[1] $f'(x) = \alpha x^{\alpha - 1}e^{-\beta x} - \beta x^\alpha e^{-\beta x} = x^{\alpha - 1}(\alpha - \beta x)e^{-\beta x}$ となるが, $\alpha > 0, \beta > 0$ であるので, $x = \alpha/\beta$ で, 最大値 $f(\alpha/\beta) = (\alpha/\beta)^\alpha e^{-\alpha}$ をとる. $0 < \beta < 1$ となるように β を選べば,
$$x^\alpha e^{-x} = x^\alpha e^{-\beta x}e^{-(1-\beta)x} \leq \left(\dfrac{\alpha}{\beta}\right)^\alpha e^{-\alpha}e^{-(1-\beta)x} \to 0 \ (x \to \infty)$$

[**2**]　(1) の解答は以下のとおり．

$$f'(x) = \frac{1}{1+x^2} - \frac{1}{x^2}\frac{1}{1+\frac{1}{x^2}}$$
$$= \frac{1}{1+x^2} - \frac{1}{1+x^2} = 0$$

(2) $f'(x) = 0$ $(x \neq 0)$ であるから，$f(x)$ は，$x > 0$, $x < 0$ において定数である．したがって，$x > 0$ においては，$f(x) = f(1) = \tan^{-1} 1 + \tan^{-1} 1 = \pi/4 + \pi/4 = \pi/2$，同様に，$x < 0$ においては，$f(x) = f(-1) = -\pi/2$ となる．

[**3**]　(1) e^x のマクローリン展開に，$-x^2/2$ を代入して x を掛けることにより，以下の展開式が得られる．

$$xe^{-\frac{x^2}{2}} = x\left(1 - \frac{x^2}{2} + \frac{1}{2!}\left(-\frac{x^2}{2}\right)^2 + \frac{1}{3!}\left(-\frac{x^2}{2}\right)^3 + \cdots\right)$$
$$= x - \frac{x^3}{2} + \frac{x^5}{2!2^2} - \frac{x^7}{3!2^3} + \cdots$$

※ $e^{-x^2/2}$ の展開式を微分することによっても同様の結果が得られる．

(2) $\log\left(\dfrac{1+x}{1-x}\right) = \log(1+x) - \log(1-x)$ とかけるから，$\log(1+x)$ のマクローリン展開の式を利用して，次の展開式を得る．

$$\frac{1}{2}\log\left(\frac{1+x}{1-x}\right) = \frac{1}{2}\{\log(1+x) - \log(1-x)\}$$
$$= \frac{1}{2}\left(x - \frac{x^2}{2} + \frac{x^3}{3} - \frac{x^4}{4} + \cdots\right)$$
$$- \frac{1}{2}\left(-x - \frac{(-x)^2}{2} + \frac{(-x)^3}{3} - \frac{(-x)^4}{4} + \cdots\right)$$
$$= x + \frac{x^3}{3} + \frac{x^5}{5} + \cdots$$

$x = 1/3$ とすると，

$$\frac{1}{2}\log\left(\frac{1+\frac{1}{3}}{1-\frac{1}{3}}\right) = \frac{1}{2}\log\left(\frac{4}{2}\right) = \frac{1}{2}\log 2$$

となるから，

$$\log 2 = 2\left(\frac{1}{3} + \frac{1}{3\cdot 3^3} + \frac{1}{5\cdot 3^5} + \cdots\right) \fallingdotseq 0.69314\cdots$$

同様に，$x = 1/9$ とおくことにより，$\log 5 \fallingdotseq 1.6094\cdots$ を得る．

[**4**]　金利が r (%) である預金は，n 年で，$(1+r/100)^n$ 倍になる．これが 2 になるような n を求めればよいから，$(1+r/100)^n = 2$ の両辺の自然対数をとって，

$$n = \frac{\log 2}{\log\left(1+\frac{r}{100}\right)}$$
$$= \frac{\log 2}{\frac{r}{100} - \frac{1}{2}\left(\frac{r}{100}\right)^2 + \frac{1}{3}\left(\frac{r}{100}\right)^3 - \cdots}$$
$$\fallingdotseq \frac{100\log 2}{r}$$

となる. $\log 2 \fallingdotseq 0.693\cdots$ であるから, $100\log 2 \fallingdotseq 70$ であり, したがって, $n \fallingdotseq 70/r$ となる.

[**5**] $f(x) = (1+x)^n$ に対しては, $f^{(r)}(x) = n(n-1)\cdots(n-r+1)(1+x)^{n-r}$ ($r = 0, 1, 2, 3, \cdots, n$), $f^{(r)}(x) = 0$ ($r > n$) であるから, $f^{(r)}(0) = n(n-1)\cdots(n-r+1) = n!/(n-r)!$ となる. よって, $(1+x)^n$ のマクローリン展開は,

$$(1+x)^n = \sum_{r=0}^{n} \frac{n!}{r!(n-r)!} x^r$$

となる. これを利用して, 以下のように, $(a+b)^n$ の展開式が得られる.

$$(a+b)^n = a^n \left(1+\frac{b}{a}\right)^n$$
$$= a^n \sum_{r=0}^{n} \frac{n!}{r!(n-r)!} \left(\frac{b}{a}\right)^r$$
$$= \sum_{r=0}^{n} \frac{n!}{r!(n-r)!} a^{n-r} b^r$$

ここで, $a=0$ の場合は, 明らかなので, $a \neq 0$ であると仮定した.

[**6**] (1)
$$f'(x) = \frac{1}{1+x^2}, \quad f''(x) = -\frac{2x}{(1+x^2)^2}$$

であるから, $P_1(x) = 1$, $P_2(x) = -2x$ となる.
(2) $f^{(n)}(x) = P_n(x)/(1+x^2)^n$ の両辺を微分すると,

$$\frac{P_{n+1}(x)}{(1+x^2)^{n+1}} = f^{(n+1)}(x) = \frac{P_n'(x)(1+x^2)^n - 2nxP_n(x)(1+x^2)^{n-1}}{(1+x^2)^{2n}}$$

となる. 分母をはらうと, $P_{n+1}(x) = (1+x^2)P_n'(x) - 2nxP_n(x)$ が得られる.
(3) $P_1(0) = 1$, $P_2(0) = 0$ はすぐに分かる. (2) を利用して, $P_3(x), P_4(x), P_5(x)$ を求めると, $P_3(x) = (1+x^2)(-2x)' - 2\cdot 2x(-2x) = 6x^2 - 2$, $P_4(x) = (1+x^2)(6x^2-2)' - 2\cdot 3x(6x^2-2) = -24x^3 + 24x$, $P_5(x) = (1+x^2)(-24x^3+24x)' - 2\cdot 4x(-24x^3+24x) = 120x^4 - 240x^2 + 24$ となる. これらに $x = 0$ を代入すると, $P_3(0) = -2$, $P_4(0) = 0$, $P_5(0) = 24$ となるから, 求めるマクローリン展開の 5 次までの項は, 以下のようになる.

$$x - \frac{1}{3}x^3 + \frac{1}{5}x^5$$

[7] (1) オイラーの公式から，$\sin x = \dfrac{e^{ix} - e^{-ix}}{2i}$ となるので，この両辺に e^x をかけて，$e^x \sin x = \dfrac{e^{(1+i)x} - e^{(1-i)x}}{2i}$ を得る．

(2) e^{ax} の n 次導関数は，$a^n e^{ax}$ となるから，

$$f^{(n)}(x) = \frac{(1+i)^n e^{(1+i)x} - (1-i)^n e^{(1-i)x}}{2i}$$
$$= \frac{e^x \left\{ (1+i)^n e^{ix} - (1-i)^n e^{-ix} \right\}}{2i} \quad (*)$$

となる．ここで，$1+i = \sqrt{2} e^{\pi i/4}, 1-i = \sqrt{2} e^{-\pi i/4}$ であるから，$(1+i)^n = (\sqrt{2})^n e^{n\pi i/4}$，$(1-i)^n = (\sqrt{2})^n e^{-n\pi i/4}$ となる．これらを $(*)$ に代入すると，

$$f^{(n)}(x) = \frac{e^x \left\{ (\sqrt{2})^n e^{\frac{n\pi i}{4}} e^{ix} - (\sqrt{2})^n e^{-\frac{n\pi i}{4}} e^{-ix} \right\}}{2i}$$
$$= \frac{(\sqrt{2})^n e^x \left(e^{i\left(x + \frac{n\pi}{4}\right)} - e^{-i\left(x + \frac{n\pi}{4}\right)} \right)}{2i}$$
$$= (\sqrt{2})^n e^x \sin\left(x + \frac{n\pi}{4}\right)$$

(3) (2) で得られた結果に $x = 0$ を代入すると，$f^{(n)}(0) = (\sqrt{2})^n \sin(n\pi/4)$ となるから，求めるマクローリン展開は，以下のようになる．

$$e^x \sin x = \sum_{n=0}^{\infty} \frac{(\sqrt{2})^n \sin\left(\frac{n\pi}{4}\right)}{n!} x^n$$

第4章

問1 (1) $\dfrac{a}{4}x^4 + \dfrac{b}{3}x^3 + \dfrac{c}{2}x^2 + dx + C$　　(2) $-\dfrac{1}{x} + C$

(3) $\log|x+1| + C$　　(4) $\dfrac{3}{2}x^2 - 2x + \log|x| + C$

問2 (1) $(x+1)e^x - e^x + C$

(2) $\dfrac{1}{2}x^2 \log x - \dfrac{1}{4}x^2 + C$

(3) $I = e^x \sin x - \displaystyle\int e^x \cos x \, dx = e^x (\sin x - \cos x) - I$ より，

$I = \dfrac{e^x}{2}(\sin x - \cos x) + C$

問の略解・章末問題の解答

問 3 (1) $\dfrac{1}{15}(3x-2)^5 + C$ (2) $-2e^{-\frac{x}{2}} + C$

問 4 (1) $\dfrac{1}{2}\sin(x^2) + C$ (2) $\dfrac{1}{36}(2x^3-1)^6 + C$

問 5 (1) $\dfrac{1}{3}\log|x^3-1| + C$ (2) $\log(1+\sin x) + C$ (3) $\log|\log x| + C$

(4) $x\tan^{-1}x - \dfrac{1}{2}\log(1+x^2) + C$

問 6 (1) $\dfrac{1}{x^3-x} = \dfrac{1}{2}\left(-\dfrac{2}{x} + \dfrac{1}{x+1} + \dfrac{1}{x-1}\right)$ より,

$I = \dfrac{1}{2}\left(-2\log|x| + \log|x+1| + \log|x-1|\right) + C$

(2) $\dfrac{1}{x^3+x} = \dfrac{1}{x} - \dfrac{x}{x^2+1}$ より,

$I = \log|x| - \dfrac{1}{2}\log(x^2+1) + C$

(3) $\dfrac{1}{(x^2-1)^2} = \dfrac{1}{4}\left(\dfrac{1}{x+1} + \dfrac{1}{(x+1)^2} - \dfrac{1}{x-1} + \dfrac{1}{(x-1)^2}\right)$ より,

$I = \dfrac{1}{4}\left(\log\left|\dfrac{x+1}{x-1}\right| - \dfrac{2x}{x^2-1}\right) + C$

問 7 (1) $-\dfrac{1}{\tan\frac{x}{2}} + C$ (2) $-\dfrac{2}{1+\tan\frac{x}{2}} + C$

問 8 $-\dfrac{2}{15}(3x+2)(1-x)^{\frac{3}{2}} + C$

問 9 (1) $\dfrac{x}{\sqrt{1-x^2}} + C$ (2) $2\tan^{-1}\left(x + \sqrt{x^2-1}\right) + C$

問 10 (1) $\dfrac{a}{4} + \dfrac{b}{3} + \dfrac{c}{2} + d$ (2) $\dfrac{1}{2}$ (3) 1 (4) $\dfrac{\pi}{6}$

問 11 (1) $2\log 2 - \dfrac{3}{4}$ (2) $\dfrac{1}{2}$ (3) $\dfrac{\pi}{4} - \dfrac{1}{2}\log 2$

問 12 (1) 1 (2) $\log(1+\sqrt{2})$ (3) $\sqrt{3} - \dfrac{1}{2}\log(2+\sqrt{3})$

問 13 $S = 2\displaystyle\int_0^2 \sqrt{1 - \dfrac{x^2}{4}}\, dx = \int_0^2 \sqrt{4-x^2}\, dx$ より, $S = \pi$

問 14 (1) $V = \pi\displaystyle\int_1^2 \left(\dfrac{1}{x}\right)^2 dx = \dfrac{\pi}{2}$ (2) $V = \pi\displaystyle\int_0^a \left(-\dfrac{x}{a}+1\right)^2 dx = \dfrac{a}{3}\pi$

問 15 $l = \displaystyle\int_{-1}^1 \sqrt{1+x^2}\, dx = \log(1+\sqrt{2}) + \sqrt{2}$

問 16 (1) $I = \displaystyle\lim_{b\to\infty}\int_0^b e^{-2x}\, dx = \lim_{b\to\infty}\left(-\dfrac{1}{2}e^{-2b} + \dfrac{1}{2}\right) = \dfrac{1}{2}$

(2) $I = \displaystyle\lim_{a\to-\infty}\lim_{b\to\infty}\int_a^b \dfrac{1}{x^2+1}\, dx = \lim_{a\to-\infty}\lim_{b\to\infty}(\tan^{-1}b - \tan^{-1}a) = \pi$

第4章 章末問題

[**1**] (1) 積分を分割して計算する．

$$\int \frac{2x+1}{1+x^2}\,dx = \int \frac{2x}{1+x^2}\,dx + \int \frac{1}{1+x^2}\,dx$$
$$= \log(1+x^2) + \tan^{-1} x + C$$

(2) $x^2 = t$ とおけば，以下のようになる．

$$\int \frac{x}{\sqrt{1-x^4}}\,dx = \int \frac{1}{\sqrt{1-t^2}} \cdot \frac{1}{2}\,dt$$
$$= \frac{1}{2}\sin^{-1} t + C = \frac{1}{2}\sin^{-1}(x^2) + C$$

(3) まず，被積分関数を以下のように変形し，積分を分割する．

$$\int \frac{x^2 \tan^{-1} x}{1+x^2}\,dx = \int \left(1 - \frac{1}{1+x^2}\right)\tan^{-1} x\,dx$$
$$= \int \tan^{-1} x\,dx - \int \frac{\tan^{-1} x}{1+x^2}\,dx$$

右辺第一項は，部分積分により，$x\tan^{-1} x - \frac{1}{2}\log(1+x^2) + C$ であることが分かる．右辺第二項において部分積分を実行すれば，

$$\int \frac{\tan^{-1} x}{1+x^2}\,dx = \int \tan^{-1} x (\tan^{-1} x)'\,dx$$
$$= (\tan^{-1} x)^2 - \int \frac{\tan^{-1} x}{1+x^2}\,dx$$

となるので，

$$\int \frac{\tan^{-1} x}{1+x^2}\,dx = \frac{1}{2}(\tan^{-1} x)^2 + C$$

したがって，求める不定積分は，

$$x\tan^{-1} x - \frac{1}{2}\log(1+x^2) - \frac{1}{2}(\tan^{-1} x)^2 + C$$

(4) $\tan \frac{x}{2} = t$ とおくと，

$$\int \frac{1-\cos x}{1+\cos x}\,dx = \int \frac{1 - \frac{1-t^2}{1+t^2}}{1 + \frac{1-t^2}{1+t^2}} \frac{2}{1+t^2}\,dt = 2\int \frac{t^2}{1+t^2}\,dt$$
$$= 2\int \left(1 - \frac{1}{1+t^2}\right) dt = 2(t - \tan^{-1} t) + C$$
$$= 2\tan \frac{x}{2} - x + C$$

[**2**] (1) 略

(2) $\sqrt{x^2+a} = \sqrt{a\sinh^2 s + a} = \sqrt{a}\cosh s$, $(\sqrt{a}\sinh s)' = \sqrt{a}\cosh s$ なので,

$$\int \sqrt{x^2+a}\,dx = a\int \cosh^2 s\,ds$$
$$= \frac{a}{4}\int (e^{2s} + e^{-2s} + 2)\,ds$$
$$= \frac{a}{4}\left(\frac{1}{2}e^{2s} - \frac{1}{2}e^{-2s} + 2s\right) + C_0$$

(C_0 は積分定数) となる. ここで,

$$e^s = \sinh s + \cosh s = \sinh s + \sqrt{1+\sinh^2 s}$$
$$= \frac{x}{\sqrt{a}} + \sqrt{1 + \frac{x^2}{a}} = \frac{1}{\sqrt{a}}\left(x + \sqrt{x^2+a}\right)$$

であるから,

$$\int \sqrt{x^2+a}\,dx = \frac{a}{8}\left\{\frac{1}{a}(x+\sqrt{x^2+a})^2 - \frac{1}{a}(-x+\sqrt{x^2+a})^2\right\}$$
$$+ \frac{a}{2}\log(x+\sqrt{x^2+a}) + C \quad \left(C = C_0 - \frac{1}{2}\log a\right)$$
$$= \frac{1}{2}x\sqrt{x^2+a} + \frac{a}{2}\log(x+\sqrt{x^2+a}) + C$$

同様にして,

$$\int \sqrt{x^2-a}\,dx = \frac{1}{2}x\sqrt{x^2-a} - \frac{a}{2}\log|x+\sqrt{x^2-a}| + C$$

も分かる.

[**3**] (1) e^x のマクローリン展開を利用すると, 懸垂線のマクローリン展開は,

$$\frac{a}{2}\left(e^{\frac{x}{a}} + e^{-\frac{x}{a}}\right) = \frac{a}{2}\left\{\left(1 + \frac{x}{a} + \frac{x^2}{2!a^2} + \frac{x^3}{3!a^3} + \cdots\right)\right.$$
$$\left. + \left(1 - \frac{x}{a} + \frac{x^2}{2!a^2} - \frac{x^3}{3!a^3} + \cdots\right)\right\}$$
$$= \frac{a}{2}\left(2 + 2\cdot\frac{x^2}{2!a^2} + 2\cdot\frac{x^4}{4!a^4} + \cdots\right)$$
$$= a + \frac{x^2}{2a} + \frac{x^4}{24a^3} + \cdots$$

となる. a に比べて x があまり大きくないときは, 4 次以降の項が無視できるので, 懸垂線は, ほぼ, 放物線 $y = a + \dfrac{x^2}{2a}$ と見なすことができる. これが, 懸垂線が放物線に見える理

由である.

(2) 懸垂線の長さ l は，曲線の長さの公式より，以下のようになる.

$$l = 2\int_0^{\frac{s}{2}} \sqrt{1 + \left(\frac{e^{\frac{x}{a}} - e^{-\frac{x}{a}}}{2}\right)^2}\, dx$$
$$= \int_0^{\frac{s}{2}} \left(e^{\frac{x}{a}} + e^{-\frac{x}{a}}\right) dx$$
$$= \left[a\left(e^{\frac{x}{a}} - e^{-\frac{x}{a}}\right)\right]_0^{\frac{s}{2}} = a\left(e^{\frac{s}{2a}} - e^{-\frac{s}{2a}}\right)$$

(3) (2) の結果をマクローリン展開して 3 次の項で打ち切って l の近似値を求めると，

$$l \fallingdotseq s + \frac{s^3}{24a^2}, \quad \text{よって} \quad a \fallingdotseq \frac{s^{\frac{3}{2}}}{2\sqrt{6(l-s)}}$$

が得られる．したがって，張力 $T = \rho g a$ は，以下のようになる．

$$T \fallingdotseq \frac{\rho g s^{\frac{3}{2}}}{2\sqrt{6(l-s)}}$$

[**4**] 回転体を $y\,(|y| \le r)$ で切った断面は，半径 $R + \sqrt{r^2 - y^2}$ の円板から，半径 $R - \sqrt{r^2 - y^2}$ の円板を取り除いたものである．よって，この断面の面積は，

$$\pi(R + \sqrt{r^2 - y^2})^2 - \pi(R - \sqrt{r^2 - y^2})^2 = 4\pi R\sqrt{r^2 - y^2}$$

これから，求める回転体の体積は，

$$4\pi R \int_{-r}^{r} \sqrt{r^2 - y^2}\, dy = 4\pi R \times \frac{\pi r^2}{2} = 2\pi^2 r^2 R$$

[**5**] $\log(1+x) = \int_0^x \frac{1}{1+x}\, dx = \int_0^x \left(1 - x + x^2 - x^3 + \cdots\right) dx$
$$= x - \frac{x^2}{2} + \frac{x^3}{3} - \frac{x^4}{4} + \cdots$$

[**6**] (1) $\tan^{-1} x = x - \dfrac{x^3}{3} + \dfrac{x^5}{5} - \dfrac{x^7}{7} + \cdots$

(2) $\alpha = \tan^{-1}\dfrac{1}{5},\ \beta = \tan^{-1}\dfrac{1}{239}$ とすると，$\tan\alpha = \dfrac{1}{5},\ \tan\beta = \dfrac{1}{239}$ である．よって，

$$\tan 2\alpha = \frac{2\tan\alpha}{1 - \tan^2\alpha} = \frac{\frac{2}{5}}{1 - \frac{1}{25}} = \frac{5}{12},$$
$$\tan 4\alpha = \frac{2\tan 2\alpha}{1 - \tan^2 2\alpha} = \frac{\frac{10}{12}}{1 - \frac{25}{144}} = \frac{120}{119}$$

加法定理より,

$$\tan(4\alpha - \beta) = \frac{\tan 4\alpha - \tan \beta}{1 + \tan 4\alpha \tan \beta} = \frac{\frac{120}{119} - \frac{1}{239}}{1 + \frac{120}{119} \cdot \frac{1}{239}}$$
$$= \frac{120 \times 239 - 119}{119 \times 239 + 120} = \frac{28561}{28561} = 1$$

よって,

$$4\alpha - \beta = \tan^{-1} 1 = \frac{\pi}{4}$$

(3) $\pi = 16 \tan^{-1} \dfrac{1}{5} - 4 \tan^{-1} \dfrac{1}{239}$

$\quad \fallingdotseq 16 \left(\dfrac{1}{5} - \dfrac{1}{3 \cdot 5^3} + \dfrac{1}{5 \cdot 5^5} \right) - 4 \left(\dfrac{1}{239} - \dfrac{1}{3 \cdot 239^3} + \dfrac{1}{5 \cdot 239^5} \right)$

$\quad \fallingdotseq 3.1416$

第5章

問 1 (1) $f_x(x,y) = 3x^2 - 6xy + 2y^2$, $f_y(x,y) = -3x^2 + 4xy - 12y^2$

(2) $f_x(x,y) = \dfrac{1}{y}$, $f_y(x,y) = -\dfrac{x}{y^2}$

(3) $f_x(x,y) = -\dfrac{\sin y}{x(\log x)^2}$, $f_y = \dfrac{\cos y}{\log x}$

(4) $f_x(x,y) = e^y$, $f_y(x,y) = xe^y$

(5) $f_x(x,y) = yx^{y-1}$, $f_y(x,y) = x^y \log x$

(6) $f_x(x,y) = \dfrac{y^2 - x^2}{(x^2 + y^2)^2}$, $f_y(x,y) = -\dfrac{2xy}{(x^2 + y^2)^2}$

(7) $f_x(x,y) = y(\cos x - x \sin x)$, $f_y(x,y) = x \cos x$

(8) $f_x(x,y) = -e^{-x}\sqrt{y} \log y$, $f_y(x,y) = \dfrac{e^{-x}}{2\sqrt{y}}(\log y + 2)$

問 2 (1) $\dfrac{\partial f}{\partial s} = 5(s-t)^4$, $\dfrac{\partial f}{\partial t} = -5(s-t)^4$ (2) $\dfrac{\partial f}{\partial s} = \dfrac{2s}{s^2 - t^2}$, $\dfrac{\partial f}{\partial t} = -\dfrac{2t}{s^2 - t^2}$

(3) $\dfrac{\partial f}{\partial s} = -te^{-st}$, $\dfrac{\partial f}{\partial t} = -se^{-st}$ (4) $\dfrac{\partial f}{\partial s} = \dfrac{t}{s^2 + t^2}$, $\dfrac{\partial f}{\partial t} = -\dfrac{s}{s^2 + t^2}$

問 3 (1) $f(x,y) = \cos \theta \sin \theta$ より,

$\dfrac{df}{d\theta} = (\cos \theta)' \sin \theta + \cos \theta (\sin \theta)' = \cos 2\theta$

(2) $\dfrac{df}{d\theta} = \dfrac{\partial}{\partial x}(xy) \cdot \dfrac{d}{d\theta} \cos \theta + \dfrac{\partial}{\partial y}(xy) \cdot \dfrac{d}{d\theta} \sin \theta = \cos 2\theta$

問 4 (1) $f(x,y) = r^2 \cos \theta \sin \theta$ より,

$$\frac{\partial f}{\partial r} = r\sin 2\theta, \quad \frac{\partial f}{\partial \theta} = r^2 \cos 2\theta$$

(2) $\dfrac{\partial f}{\partial r} = \dfrac{\partial}{\partial x}(xy) \cdot \dfrac{\partial}{\partial r}(r\cos\theta) + \dfrac{\partial}{\partial y}(xy) \cdot \dfrac{\partial}{\partial r}(r\sin\theta) = r\sin 2\theta,$

$\dfrac{\partial f}{\partial \theta} = \dfrac{\partial}{\partial x}(xy) \cdot \dfrac{\partial}{\partial \theta}(r\cos\theta) + \dfrac{\partial}{\partial y}(xy) \cdot \dfrac{\partial}{\partial \theta}(r\sin\theta) = r^2 \cos 2\theta$

問 5 (1) $y' = \dfrac{x^2 - y}{x - y^2}$ $(x \neq y^2)$

(2) $y' = \dfrac{2x - ye^{xy}}{1 + xe^{xy}}$ $(xe^{xy} \neq -1)$

問 6 (1) $f_{xx}(x,y) = 12x - 2y,\ f_{xy}(x,y) = f_{yx}(x,y) = -2x + 6y,\ f_{yy}(x,y) = 6x - 6y$

(2) $f_x(x,y) = \dfrac{2x}{x^2+y^2},\ f_y(x,y) = \dfrac{2y}{x^2+y^2}$ より,

$f_{xy}(x,y) = \dfrac{-2x \cdot 2y}{(x^2+y^2)^2} = -\dfrac{4xy}{(x^2+y^2)^2},$

$f_{yx}(x,y) = \dfrac{-2y \cdot 2x}{(x^2+y^2)^2} = -\dfrac{4xy}{(x^2+y^2)^2}$

$\therefore\ f_{xy}(x,y) = f_{yx}(x,y)$

問 7 (1) $e^{-(x+y)} = 1 - (x+y) + \dfrac{1}{2}(x+y)^2 - \cdots + \dfrac{(-1)^n}{n!}(x+y)^n + \cdots$

(2) $\sqrt{1+ax+by} = 1 + \dfrac{1}{2}(ax+by) - \dfrac{1}{8}(ax+by)^2 + \cdots$

問 8 (1) 点 $(1,1),\ (-1,-1)$ でそれぞれ極小値 -1 をとる. (2) 極値をもたない.

第 5 章 章末問題

[1] $\dfrac{\partial f}{\partial x} = \dfrac{2x}{x^2+y^2},\quad \dfrac{\partial^2 f}{\partial x^2} = \dfrac{2}{x^2+y^2} - \dfrac{4x^2}{(x^2+y^2)^2}$

ここで, x と y を入れ換えれば, y による偏微分が求まることを利用すると,

$$\dfrac{\partial^2 f}{\partial x^2} + \dfrac{\partial^2 f}{\partial y^2} = \dfrac{4}{x^2+y^2} - \dfrac{4(x^2+y^2)}{(x^2+y^2)^2} = 0$$

[2] $f_x(x,y) = 3ay - 3x^2 = 0,\ f_y(x,y) = 3ax - 3y^2 = 0$ より, 極値をとる可能性のある点は $(x,y) = (0,0),\ (a,a)$ の 2 点. $f_{xx}(x,y) = -6x,\ f_{yy}(x,y) = -6y,\ f_{xy}(x,y) = 3a$ であるから, $\Delta(x,y) = 36xy - 9a^2$. したがって, $\Delta(0,0) = -9a^2 < 0$ より, $f(x,y)$ は $(0,0)$ で極値をとらない. 一方, $\Delta(a,a) = 27a^2 > 0$ より, $f(x,y)$ は (a,a) で極値 $f(a,a) = 3a^3 - 2a^3 = a^3$ をとる. $f_{xx}(a,a) = -6a$ であるから, $a > 0$ のときは, $f_{xx}(a,a) < 0$ より, $f(a,a) = a^3$ は極大値であり, $a < 0$ のときは, $f_{xx}(a,a) > 0$ より, $f(a,a) = a^3$ は極小値となる.

[**3**] $\quad\dfrac{\partial^2 z}{\partial x^2} = 2af'(ax+by) + a^2 x f''(ax+by) + a^2 y g''(ax+by)$

$\quad\dfrac{\partial^2 z}{\partial y^2} = b^2 x f''(ax+by) + 2bg'(ax+by) + b^2 y g''(ax+by)$

$\quad\dfrac{\partial^2 z}{\partial x \partial y} = bf'(ax+by) + abx f''(ax+by) + ag'(ax+by) + aby g''(ax+by)$

となるから，

$b^2 \dfrac{\partial^2 z}{\partial x^2} + a^2 \dfrac{\partial^2 z}{\partial y^2}$
$= 2a^2 b^2 x f''(ax+by) + 2a^2 b^2 y g''(ax+by) + 2ab^2 f'(ax+by) + 2a^2 b g'(ax+by)$
$= 2ab\{abx f''(ax+by) + aby g''(ax+by) + bf'(ax+by) + ag'(ax+by)\}$
$= 2ab \dfrac{\partial^2 z}{\partial x \partial y}$

[**4**] (1) 合成関数の偏微分法から，

$$\dfrac{\partial f}{\partial r} = \dfrac{\partial f}{\partial x}\dfrac{\partial x}{\partial r} + \dfrac{\partial f}{\partial y}\dfrac{\partial y}{\partial r}$$
$$= \cos\theta \dfrac{\partial f}{\partial x} + \sin\theta \dfrac{\partial f}{\partial y}$$
$$\dfrac{\partial f}{\partial \theta} = \dfrac{\partial f}{\partial x}\dfrac{\partial x}{\partial \theta} + \dfrac{\partial f}{\partial y}\dfrac{\partial y}{\partial \theta}$$
$$= -r\sin\theta \dfrac{\partial f}{\partial x} + r\cos\theta \dfrac{\partial f}{\partial y}$$

(2) もう一度微分すれば，

$$\dfrac{\partial^2 f}{\partial r^2} = \cos^2\theta \dfrac{\partial^2 f}{\partial x^2} + \sin^2\theta \dfrac{\partial^2 f}{\partial y^2} + 2\sin\theta\cos\theta \dfrac{\partial^2 f}{\partial x \partial y}$$
$$\dfrac{\partial^2 f}{\partial \theta^2} = r^2 \sin^2\theta \dfrac{\partial^2 f}{\partial x^2} + r^2 \cos^2\theta \dfrac{\partial^2 f}{\partial y^2} - 2r^2 \sin\theta\cos\theta \dfrac{\partial^2 f}{\partial x \partial y}$$
$$\quad -r\cos\theta \dfrac{\partial f}{\partial x} - r\sin\theta \dfrac{\partial f}{\partial y}$$

となるから，(1) の一つ目の等式に注意すると，

$\quad\dfrac{\partial^2 f}{\partial r^2} + \dfrac{1}{r^2}\dfrac{\partial^2 f}{\partial \theta^2}$
$= (\cos^2\theta + \sin^2\theta)\dfrac{\partial^2 f}{\partial x^2} + (\sin^2\theta + \cos^2\theta)\dfrac{\partial^2 f}{\partial y^2} - \dfrac{1}{r}\left(\cos\theta \dfrac{\partial f}{\partial x} + \sin\theta \dfrac{\partial f}{\partial y}\right)$
$= \dfrac{\partial^2 f}{\partial x^2} + \dfrac{\partial^2 f}{\partial y^2} - \dfrac{1}{r}\dfrac{\partial f}{\partial r}$

[5] (1) 直接計算することにより, 以下の 5 つの式が得られる.

$$\frac{\partial S}{\partial a} = \frac{2}{n} \sum_{j=1}^{n} x_j(ax_j + b - y_j) \qquad (\mathrm{i})$$

$$\frac{\partial S}{\partial b} = \frac{2}{n} \sum_{j=1}^{n} (ax_j + b - y_j) \qquad (\mathrm{ii})$$

$$\frac{\partial^2 S}{\partial a^2} = \frac{2}{n} \sum_{j=1}^{n} x_j^2 \qquad (\mathrm{iii})$$

$$\frac{\partial^2 S}{\partial b^2} = \frac{2}{n} \sum_{j=1}^{n} 1 = 2 \qquad (\mathrm{iv})$$

$$\frac{\partial^2 S}{\partial a \partial b} = \frac{2}{n} \sum_{j=1}^{n} x_j \qquad (\mathrm{v})$$

式 (iii), (iv), (v) より,

$$\Delta(a,b) = \frac{4}{n} \sum_{j=1}^{n} x_j^2 - \left(\frac{2}{n} \sum_{j=1}^{n} x_j \right)^2$$

$$= \frac{4}{n} \sum_{j=1}^{n} (x_j - \overline{X})^2 > 0$$

となる. ここで, 変量 C の観測値 c_j ($j = 1, 2, 3, \ldots$) に対し, 平均 $\frac{1}{n} \sum_{j=1}^{n} c_j$ を $\overline{C}$ で表した (以下, この記法を用いる). 最後の不等号は, x_j が定数でないことより従う. したがって, S は $\frac{\partial S}{\partial a} = 0, \frac{\partial S}{\partial b} = 0$ となる点で極値をとる. また,

$$\frac{\partial^2 S}{\partial a^2} = \frac{2}{n} \sum_{j=1}^{n} x_j^2 > 0$$

であるから, S はこの点で極小値をとる.

(2) 式 (i), (ii) をそれぞれ 0 とおいて, 連立方程式

$$\begin{cases} \overline{X^2} a + \overline{X} b = \overline{XY} \\ \overline{X} a + b = \overline{Y} \end{cases}$$

が得られる. この方程式は, $\overline{X^2} - \overline{X}^2 = \overline{(X - \overline{X})^2} > 0$ であるから, ただ一つの解をもつ. したがって, この方程式の解 (a, b) において, S は極小かつ最小値をとる. これを解いて, 以下の直線の式が得られる.

$$y = \frac{\overline{XY} - \overline{X} \cdot \overline{Y}}{\overline{X^2} - \overline{X}^2} x + \frac{\overline{X^2} \cdot \overline{Y} - \overline{X} \cdot \overline{XY}}{\overline{X^2} - \overline{X}^2}$$

第6章

問1 略

問2 (1) $-\log 2$ (2) 1

問3 (1) $D : \begin{cases} 0 \leq y \leq -2x+1 \\ 0 \leq x \leq \dfrac{1}{2} \end{cases}$ より,

$$I = \int_0^{\frac{1}{2}} \left\{ \int_0^{-2x+1} xy\,dy \right\} dx = \frac{1}{96}$$

(2) $D : \begin{cases} x^2 \leq y \leq x+2 \\ -1 \leq x \leq 2 \end{cases}$ より,

$$I = \int_{-1}^{2} \left\{ \int_{x^2}^{x+2} y\,dy \right\} dx = \frac{36}{5}$$

問4 $S^2 = |\vec{\alpha}|^2 |\vec{\beta}|^2 \sin^2 \theta = |\vec{\alpha}|^2 |\vec{\beta}|^2 (1 - \cos^2 \theta)$
$= |\vec{\alpha}|^2 |\vec{\beta}|^2 - (\vec{\alpha} \cdot \vec{\beta})^2$
$= (a^2 + c^2)(b^2 + d^2) - (ab+cd)^2$
$= a^2 d^2 + b^2 c^2 - 2abcd = (ad-bc)^2$
∴ $S = |ad-bc|$

問5 $\dfrac{1}{2}(e-1)$

問6 (1) $I = \iint_{\substack{0 \leq r \leq \sqrt{2} \\ 0 \leq \theta \leq 2\pi}} r^2\,drd\theta = \dfrac{4\sqrt{2}}{3}\pi$

(2) $x = r\cos\theta,\ y = r\sin\theta\ (r \geq 0,\ -\pi \leq \theta \leq \pi)$ により, $\dfrac{x}{x^2+y^2} = \dfrac{\cos\theta}{r}$ で,

$x^2 + y^2 \leq x \iff r^2 \leq r\cos\theta \iff 0 \leq r \leq \cos\theta$. またこの不等式から $0 \leq \cos\theta$ なので, $-\dfrac{\pi}{2} \leq \theta \leq \dfrac{\pi}{2}$

∴ $D \overset{1:1}{\longleftrightarrow} E : \begin{cases} 0 \leq r \leq \cos\theta \\ -\dfrac{\pi}{2} \leq \theta \leq \dfrac{\pi}{2} \end{cases}$

(図 6.1 参照). よって,

$$I = \int_E \frac{\cos\theta}{r} \cdot r\,drd\theta = \int_{-\frac{\pi}{2}}^{\frac{\pi}{2}} \left\{ \int_0^{\cos\theta} \cos\theta\,dr \right\} d\theta = \frac{\pi}{2}$$

問7 V は平面 $z=1$ と曲面 $z = x^2+y^2$ とで囲まれた部分の体積で, 円板 $D : x^2+y^2 \leq 1$ の上にあるので,

$$V = \iint_D \{1 - (x^2+y^2)\}\,dxdy = \frac{\pi}{2}$$

問 8 曲面は円板 $D : x^2 + y^2 \leq 1$ の上にあり, $z_x = 2x$, $z_y = 2y$ より,
$$S = \iint_D \sqrt{1 + 4(x^2 + y^2)}\, dxdy = \frac{5\sqrt{5} - 1}{6}\pi$$

第 6 章 章末問題

[1] (1) 放物線 $y = x^2/4$ と直線 $y = x$ の交点は $(0,0), (4,4)$ の 2 点である. したがって,

$$\iint_D \frac{x}{x^2 + y^2}\, dxdy = \int_1^4 \left\{ \int_{\frac{x^2}{4}}^x \frac{x}{x^2 + y^2}\, dy \right\} dx$$

$$= \int_1^4 \left[\tan^{-1} \frac{y}{x} \right]_{y = \frac{x^2}{4}}^{y = x} dx$$

$$= \int_1^4 \left(\tan^{-1} 1 - \tan^{-1} \frac{x}{4} \right) dx$$

$$= \left[\frac{\pi}{4} x \right]_1^4 - \left[x \tan^{-1} \frac{x}{4} \right]_1^4 + \int_1^4 \frac{4x}{4^2 + x^2}\, dx$$

$$= \frac{3\pi}{4} - \pi + \tan^{-1} \frac{1}{4} + 2 \left[\log(4^2 + x^2) \right]_1^4$$

$$= -\frac{\pi}{4} + \tan^{-1} \frac{1}{4} + 2 \log \frac{32}{17}$$

(2) D は, $-a \leq x \leq a$, $-\frac{b}{a}\sqrt{a^2 - x^2} \leq y \leq \frac{b}{a}\sqrt{a^2 - x^2}$ とかけるので,

$$\iint_D (x^2 + y^2)\, dxdy$$

$$= \int_{-a}^a \left\{ \int_{-\frac{b}{a}\sqrt{a^2-x^2}}^{\frac{b}{a}\sqrt{a^2-x^2}} (x^2 + y^2)\, dy \right\} dx$$

$$= \int_{-a}^a \left[x^2 y + \frac{1}{3} y^3 \right]_{y=-\frac{b}{a}\sqrt{a^2-x^2}}^{y=\frac{b}{a}\sqrt{a^2-x^2}} dx$$

$$= 4 \int_0^a \left\{ \frac{b}{a} x^2 \sqrt{a^2 - x^2} + \frac{b^3}{3a^3} (a^2 - x^2) \sqrt{a^2 - x^2} \right\} dx$$

$$= \frac{4b^3}{3a} \int_0^a \sqrt{a^2 - x^2}\, dx + \frac{4b}{a} \left(1 - \frac{b^2}{3a^2} \right) \int_0^a x^2 \sqrt{a^2 - x^2}\, dx$$

$$= \frac{\pi a b^3}{3} + 4 a^3 b \left(1 - \frac{b^2}{3a^2} \right) \int_0^{\frac{\pi}{2}} \sin^2 \theta \cos^2 \theta\, d\theta$$

$$= \frac{\pi a b^3}{3} + a^3 b \left(1 - \frac{b^2}{3a^2} \right) \int_0^{\frac{\pi}{2}} \sin^2 2\theta\, d\theta$$

$$= \frac{\pi a b^3}{3} + a^3 b \left(1 - \frac{b^2}{3a^2} \right) \int_0^{\frac{\pi}{2}} \frac{1 - \cos 4\theta}{2}\, d\theta$$

$$= \frac{\pi}{4} ab(a^2 + b^2)$$

[**2**]

(1) $\int_0^1 \left\{ \int_{x^2}^{\sqrt{x}} f(x,y)\,dy \right\} dx$

(2) $\int_0^1 \left\{ \int_{\sqrt{1-y^2}}^{1} f(x,y)\,dx \right\} dy + \int_1^2 \left\{ \int_0^1 f(x,y)\,dx \right\} dy + \int_2^3 \left\{ \int_{y-2}^{1} f(x,y)\,dx \right\} dy$

[**3**] (1) この変数変換で, D は, $0 \leq \theta \leq \pi, 0 \leq r \leq 2$ という領域に写る. ヤコビアンは r であるから,

$$\iint_D xy\,dxdy = \int_0^2 \left\{ \int_0^\pi (2+r\cos\theta)r\sin\theta \cdot r\,d\theta \right\} dr$$

$$= \int_0^2 \left\{ r^2 \int_0^\pi (2\sin\theta + r\sin\theta\cos\theta)\,d\theta \right\} dr$$

$$= \int_0^2 \left\{ r^2 \int_0^\pi \left(2\sin\theta + \frac{r}{2}\sin 2\theta \right) d\theta \right\} dr$$

$$= \int_0^2 r^2 \left[-2\cos\theta - \frac{r}{4}\cos 2\theta \right]_{\theta=0}^{\theta=\pi} dr$$

$$= \int_0^2 4r^2\,dr = \left[\frac{4}{3}r^3 \right]_0^2 = \frac{32}{3}$$

(2) $x - 1 = r\cos\theta, y - 2 = r\sin\theta$ と変換すると, D は, 領域 $0 \leq \theta \leq 2\pi, 0 \leq r \leq 1$ に写る. ヤコビアンは r であるから,

$$\iint_D xy\,dxdy = \int_0^1 \left\{ \int_0^{2\pi} (1+r\cos\theta)(2+r\sin\theta)r\,d\theta \right\} dr$$

$$= \int_0^1 r \left\{ \int_0^{2\pi} (2 + r\sin\theta + 2r\cos\theta + r^2\sin\theta\cos\theta)\,d\theta \right\} dr$$

$$= \int_0^1 4\pi r\,dr = 2\pi$$

[**4**] (1) 表示できることは, 図を描けば分かるので略. θ, φ を消去するために, まず, x, y の式から, φ を消去すると,

$$x^2 + y^2 = (R + r\cos\theta)^2$$

となるから,

$$(\sqrt{x^2+y^2} - R)^2 + z^2 = r^2$$

よって, 求める表示式は,

$$z = \pm\sqrt{r^2 - (\sqrt{x^2+y^2} - R)^2}$$

(2)
$$\frac{\partial z}{\partial x} = -\frac{x}{z}\left(1 - \frac{R}{\sqrt{x^2+y^2}}\right)$$
$$\frac{\partial z}{\partial y} = -\frac{y}{z}\left(1 - \frac{R}{\sqrt{x^2+y^2}}\right)$$

であるから,

$$\begin{aligned}
1+\left(\frac{\partial z}{\partial x}\right)^2+\left(\frac{\partial z}{\partial y}\right)^2 &= 1+\frac{x^2+y^2}{z^2}\left(1-\frac{R}{\sqrt{x^2+y^2}}\right)^2 \\
&= 1+\frac{(\sqrt{x^2+y^2}-R)^2}{z^2} \\
&= \frac{z^2+(\sqrt{x^2+y^2}-R)^2}{z^2} = \frac{r^2}{z^2} = \frac{1}{\sin^2\theta}
\end{aligned}$$

となる. ヤコビアンを計算すると,

$$\det\begin{pmatrix} \frac{\partial x}{\partial \theta} & \frac{\partial x}{\partial \varphi} \\ \frac{\partial y}{\partial \theta} & \frac{\partial y}{\partial \varphi} \end{pmatrix} = \det\begin{pmatrix} -r\sin\theta\cos\varphi & -(R+r\cos\theta)\sin\varphi \\ -r\sin\theta\sin\varphi & (R+r\cos\theta)\cos\varphi \end{pmatrix}$$
$$= -r(R+r\cos\theta)\sin\theta\cos^2\varphi - r(R+r\cos\theta)\sin\theta\sin^2\varphi$$
$$= -r(R+r\cos\theta)\sin\theta$$

したがって, 輪環面の表面積 S は,

$$\begin{aligned}
S &= \int_0^{2\pi}\left\{\int_0^{2\pi}\sqrt{\frac{1}{\sin^2\theta}}\cdot|-r(R+r\cos\theta)\sin\theta|\,d\theta\right\}d\varphi \\
&= \int_0^{2\pi}\left\{\int_0^{2\pi} r(R+r\cos\theta)\,d\theta\right\}d\varphi \\
&= r\int_0^{2\pi}[R\theta+r\sin\theta]_{\theta=0}^{\theta=2\pi}\,d\varphi \\
&= r\int_0^{2\pi}2\pi R\,d\varphi \\
&= 4\pi^2 rR
\end{aligned}$$

索　引

あ
アークコサイン ……………… 17
アークサイン ………………… 17
アークタンジェント ………… 17

い
1 対 1 の関数 ………………… 7
陰関数 ………………………… 103
　　——の導関数 …………… 103

お
オイラーの公式 ……………… 47

か
回帰直線 ……………………… 116
加法定理 ……………………… 15

き
逆関数 ……………………… 7, 31
　　——の微分法 …………… 32
逆三角関数 ……………… 17, 35
極限
　　——値 …………………… 21
　　左—— …………………… 25
　　不定形の—— …………… 36
　　右—— …………………… 25
極座標表示 …………………… 129
極座標変換 …………… 129, 130
極小 …………………… 49, 111
　　——値 …………………… 49
曲線の長さ ………………… 89, 90

極大 …………………… 49, 111
　　——値 …………………… 49
極値 …………………… 49, 111

こ
広義積分 ……………………… 91
合成関数 ……………………… 30
　　——の微分法 …… 30, 99, 100
　　——の偏微分法 ………… 101
弧度法 ………………………… 11

さ
三角関数 ……………… 12, 14, 73
　　逆—— …………………… 17, 35
三角比 ………………………… 9
3 倍角の公式 ………………… 17

し
指数 ……………………… 1, 2
　　——関数 ………………… 3
　　——法則 ……………… 1, 2
自然対数 ……………………… 23
周期 …………………………… 14
　　——関数 ………………… 14
商の微分 ……………………… 28
真数 …………………………… 4
　　——条件 ………………… 4

せ
正弦 (sine) ………………… 9, 12
正接 (tangent) …………… 9, 12

索引

積の微分 ……………………… 28
積分 …………………………… 59
　広義—— ……………………… 91
　——定数 ……………………… 61
　定—— ………………………… 78, 86
　2 重—— ……………………… 118, 126, 130
　不定—— ……………………… 60
　累次—— ……………………… 119

そ
双曲線関数 …………………… 94
増減表 ………………………… 51

た
第 n 次導関数 ……………… 38
第 2 次偏導関数 ……………… 105, 111
対数 …………………………… 4
　——関数 ……………………… 6
　——微分法 …………………… 34
縦線形領域 …………………… 121
単位円 ………………………… 13
単調減少 ……………………… 7
単調増加 ……………………… 7

ち
チェイン・ルール …………… 102
置換積分法 …………………… 64, 84
長方形領域 …………………… 118

て
底 ……………………………… 3, 4, 6
定積分 ………………………… 78, 86
テイラー展開 ………………… 40, 42, 106, 109

と
導関数 ………………………… 25, 26
　陰関数の—— ………………… 103

　第 n 次—— ………………… 38
等比数列の和の公式 ………… 45

な
70 の法則 ……………………… 56

に
2 重積分 ……………………… 118, 126, 130
2 倍角の公式 ………………… 16
2 変数関数 …………………… 97

ね
ネイピアの数 ………………… 23

は
発散する ……………………… 21, 93
半角の公式 …………………… 16

ひ
左極限 ………………………… 25
微分可能 ……………………… 25
　偏—— ………………………… 97
微分係数 ……………………… 25
　偏—— ………………………… 97
微分する ……………………… 26
表面積 ………………………… 134

ふ
不定形の極限 ………………… 36
不定積分 ……………………… 60
部分積分法 …………………… 62, 81
部分分数分解 ………………… 69, 72

へ
変曲点 ………………………… 50
変数変換 ……………………… 125, 126
偏導関数 ……………………… 98

第 2 次—— ·············· 105, 111
　　偏微分可能 ····················· 97
　　偏微分係数 ····················· 97

ま
マクローリン展開 ·········· 42, 108
マチンの公式 ···················· 95

み
右極限 ·························· 25

む
無理関数 ························ 75

ゆ
有理関数 ························ 69

よ
余弦（cosine） ·············· 9, 12
横線形領域 ···················· 122

ら
ラジアン ························ 11
ラプラス方程式 ················ 115

り
領域 ··························· 117
輪環面 ························· 138

る
累次積分 ······················· 119

れ
連鎖律（チェイン・ルール）········ 102

ろ
ロピタルの定理 ·················· 36

わ
和と積の公式 ···················· 16

Memorandum

Memorandum

著者紹介

神永正博（かみなが まさひろ）
1967年　東京に生まれる
1991年　東京理科大学理学部数学科
　　　　卒業
1994年　京都大学大学院理学研究科数
　　　　学専攻博士課程中退
1994年　東京電機大学理工学部助手
1998年　日立製作所　中央研究所
2004年　東北学院大学工学部専任講師
2005年　同助教授
2007年　同准教授（名称変更により）
2011年　同教授
　　　　現在に至る

博士（理学）（大阪大学）

藤田育嗣（ふじた やすつぐ）
1971年　大阪に生まれる
1995年　東北大学理学部数学科卒業
2003年　東北大学大学院理学研究科数
　　　　学専攻博士課程後期修了
2008年　日本大学生産工学部助教
2011年　同准教授
2016年　同教授
　　　　現在に至る

博士（理学）（東北大学）

2008年3月31日　第1版発行
2019年4月25日　第4版発行
2023年4月25日　第4版2刷発行

著者の了解に
より検印を省
略いたします

計算力をつける
微分積分

著　者　神永正博
　　　　藤田育嗣

発行者　内田　学

印刷者　山岡影光

発行所　株式会社　内田老鶴圃　〒112-0012 東京都文京区大塚3丁目34番3号
電話 03(3945)6781(代)・FAX 03(3945)6782
http://www.rokakuho.co.jp/
印刷・製本／三美印刷 K.K.

Published by UCHIDA ROKAKUHO PUBLISHING CO., LTD.
3-34-3 Otsuka, Bunkyo-ku, Tokyo, Japan

U. R. No. 561-6

ISBN 978-4-7536-0031-1 C3041　　©2008 神永正博，藤田育嗣

計算力をつける微分積分
神永正博・藤田育嗣 著　本体 2000 円・172 頁・A5 判

計算力をつける微分積分 問題集
神永正博・藤田育嗣 著　本体 1200 円・112 頁・A5 判

微分積分を道具として利用するための入門書．微積の基本が「掛け算九九」のレベルで計算できるように工夫．

- 第 1 章　指数関数と対数関数
- 第 2 章　三角関数
- 第 3 章　微　　　分
- 第 4 章　積　　　分
- 第 5 章　偏　微　分
- 第 6 章　2 重積分

計算力をつける線形代数
神永正博・石川賢太 著　本体 2000 円・160 頁・A5 判

より計算力の養成に重点を置く構成で，問，章末問題共に計算練習を中心とする．抽象的展開を避け「連立方程式の解き方」「ベクトル，行列の扱い方」を重点的に説明．

- 第 1 章　線形代数とは何をするものか？
- 第 2 章　行列の基本変形と連立方程式 (1)
- 第 3 章　行列の基本変形と連立方程式 (2)
- 第 4 章　行列と行列の演算
- 第 5 章　逆行列
- 第 6 章　行列式の定義と計算方法
- 第 7 章　行列式の余因子展開
- 第 8 章　余因子行列とクラメルの公式
- 第 9 章　ベクトル
- 第 10 章　空間の直線と平面
- 第 11 章　行列と一次変換
- 第 12 章　ベクトルの一次独立，一次従属
- 第 13 章　固有値と固有ベクトル
- 第 14 章　行列の対角化と行列の k 乗

計算力をつける応用数学
魚橋慶子・梅津 実 著　本体 2800 円・224 頁・A5 判

計算力をつける応用数学 問題集
魚橋慶子・梅津 実 著　本体 1900 円・140 頁・A5 判

大学・高専で学ぶことの多い常微分方程式，フーリエ・ラプラス解析，複素関数の分野に絞り，計算問題を中心として解説．計算力の養成に力を注ぐ．

- 第 0 章　複素数
- 第 1 章　常微分方程式
- 第 2 章　フーリエ級数とフーリエ変換
- 第 3 章　ラプラス変換
- 第 4 章　複素関数

計算力をつける微分方程式
藤田育嗣・間田 潤 著　本体 2000 円・144 頁・A5 判

例題のすぐ後に，その例題の解法を参考にすれば解くことができる問題を配置．第 0 章から第 3 章までは微分方程式を「解く」ことに専念し，付章「物理への応用」でなぜ微分方程式が必要かを具体的に示す．

- 第 0 章　微分方程式とは？
- 第 1 章　1 階微分方程式
- 第 2 章　定数係数 2 階線形微分方程式
- 第 3 章　級数解
- 付　章　物理への応用
  - A.1 物体の運動　A.2 電気回路

表示価格は税別の本体価格です．　　　http://www.rokakuho.co.jp/